12396 北京新农村科技服务热线咨询问答图文精编

◎ 张峻峰　孙素芬　主编

中国农业科学技术出版社

图书在版编目（CIP）数据

12396 北京新农村科技服务热线咨询问答图文精编 / 张峻峰，孙素芬主编 . — 北京：中国农业科学技术出版社，2016.9

ISBN 978-7-5116-2693-6

Ⅰ . ① 1 … Ⅱ . ①张… ②孙… Ⅲ . ①农业技术—科技服务—咨询服务—问题解答 Ⅳ . ① S-44

中国版本图书馆 CIP 数据核字（2016）第 177373 号

责任编辑 徐 毅
责任校对 贾海霞

出 版 者 中国农业科学技术出版社
北京市中关村南大街 12 号 邮编：100081
电 话 （010）82106631（编辑室）（010）82109702（发行部）
（010）82109702（读者服务部）
传 真 （010）82106631
网 址 http://www.castp.cn
经 销 者 各地新华书店
印 刷 者 北京卡乐富印刷有限公司
开 本 880mm × 1 230mm 1/32
印 张 7.75
字 数 175 千字
版 次 2016 年 9 月第 1 版 2016 年 9 月第 1 次印刷
定 价 45.00 元

《12396 北京新农村科技服务热线咨询问答图文精编》

编 委 会

前言

“12396 星火科技热线”是国家科技部与工业和信息化部联合建立的星火科技公益服务热线。“12396 北京新农村科技服务热线”是由北京市科委农村发展中心与北京市农林科学院联合共建，是面向“三农”开展农业科技信息服务的综合平台。热线有一支由百余名具有丰富理论知识与实践经验的农业专家组成的服务团队，服务内容主要包括蔬菜、果树、食用菌、杂粮、畜禽等方面农业生产问题。自 2009 年正式开通以来，除在北京市进行服务应用外，同时，还立足京津冀辐射扩展到全国其他 30 个省、市、自治区，社会经济效益显著，树立了农业科技咨询的“京科惠农”服务品牌。

在服务过程中，热线积累了大量来自农业生产一线的技术和实践问题，为更好地发挥这些咨询问题对农业生产的指导作用，编者精选了部分图文问题并在充分尊重专家实际解答的基础上，进行了文字、形式等方面的编辑加工，使解答尽量简洁、通俗、科学、严谨。本书汇集了蔬菜、果树、花卉、杂粮和畜禽养殖等不同生产门类的图文问题，希望通过这些精选的问题更好地传播知识，为农业生产提供参考与借鉴，更好的发挥农业科技的支撑作用。

本书中涉及的农业生产问题的解答，一般是专家对咨询者提出的问题进行针对性的解答，由于农业生产具有实践的现实性、复杂性，因此，在参考本书中相关解答时，请结合当地的气候、农时和生产实践，不要全盘照搬，不要教条化执行专家解答，这一点请广大读者理解。

本书的主要目的是延续热线的公益性服务作用，通过对农业生产一线遇到的问题进行图文展示，结合专家的详细解答，为用户提供直观的参考。对于提供原始图片的热线服务用户，表示感谢！对于未能标注出处的作者，敬请谅解！对参加“12396 北京新农村科技服务热线”服务的专家以及为本书提供指导的各位专家，表示感谢！没有你们的辛勤劳动，就没有本书的成稿、付梓！北京市科委农村发展中心及北京市农林科学院的相关领导对本书的编写提供了大力支持，在此也表示衷心的感谢！

鉴于编者的技术水平有限，文中难免有所纰漏，敬请各位同行和广大读者不吝赐教、批评指正！

作　者

2016 年 6 月

目录
CONTENTS

第一部分　种植咨询问题

目录

第二部分　养殖咨询问题

第一部分 种植咨询问题

一、蔬菜

问：番茄秧上部的叶柄基部与茎连接处有黑色病斑，而且茎里面有些变褐，是什么病?

北京市密云区种植业服务中心　冯先生

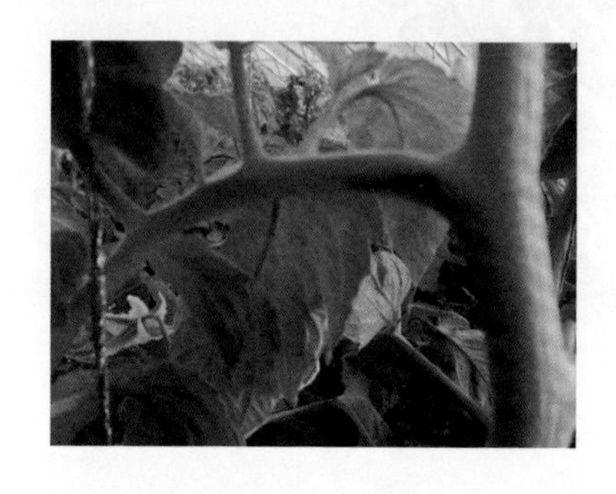

答：陈春秀　研究员　北京市农林科学院蔬菜研究中心

初步判断是感染了番茄细菌性维管束坏死病，这是由一种细菌感染的病害。原因如下。

（1）种子带菌。种子带菌是番茄植株发病的主要原因之一。

（2）继发感染。在田间管理过程中，如整枝时造成植株伤口，如果棚内湿度大，就容易感染该病。

防治方法

（1）对种子进行播前消毒处理，能有效消除种子表面所带细菌。

（2）注意选择整枝时期，一定在棚内湿度下降时整枝；尤其是棚内已经有病株发生时，要注意先整健康的植株，再整带病植株，以免发生交叉感染。

（3）在往年已有发生的田块，注意预防，定期喷洒防治细菌性病害的药物，如农用链霉素等。

02 问：番茄果实的脐部腐烂是什么病？如何防治？

天津市宝坻区　某先生

答：李明远　研究员　北京市农林科学院植物保护环境保护研究所

该症状是番茄脐腐病。番茄脐腐病是一种生理病害，直接原因是缺钙引起的。实际上一般土壤里钙素不少，为何还会出现缺钙呢？这是因为在缺水时，钙的移动性出现了问题，因此，缺钙和水分供应不足有关。

番茄脐腐病从定植时就要注意预防，即在定植前应先将苗子归类，把相同大小的苗子栽在一起，便于根据苗情进行水分管理。在定植时还要浇好底墒水，做到果实膨大期（果实核桃大小）不缺水。此外，在第一穗果长到核桃大小前，如果实在缺水，可以稍加补水，做到水过地皮湿即可，切勿大水漫灌。

再有就是使用根外追肥的方法补钙，一般用含钙较多的叶面肥就行，也可使用0.5%氯化钙+百万分之五的萘乙酸喷叶，即可得到缓解。

03 问：番茄叶子褪绿是病毒吗?

山西省　网友“山西番茄”

答：黄金宝　副研究员　北京市农林科学院植物保护环境保护研究所

初步判断是感染了番茄细菌性维管束坏死病，从照片上看，不是传染性病害，可能与缺素或水肥管理有关。但如果在管理中，特别是在整枝打杈时有人吸烟，其手往往带有烟草花叶病毒及其他有害菌，也会引起病毒病发生。病毒病没有治疗药剂，只有预防药剂。补施含“硼”量高的微肥，可能会好些。

04 问：番茄果实表面有洞是怎么回事？

北京市门头沟区　史女士

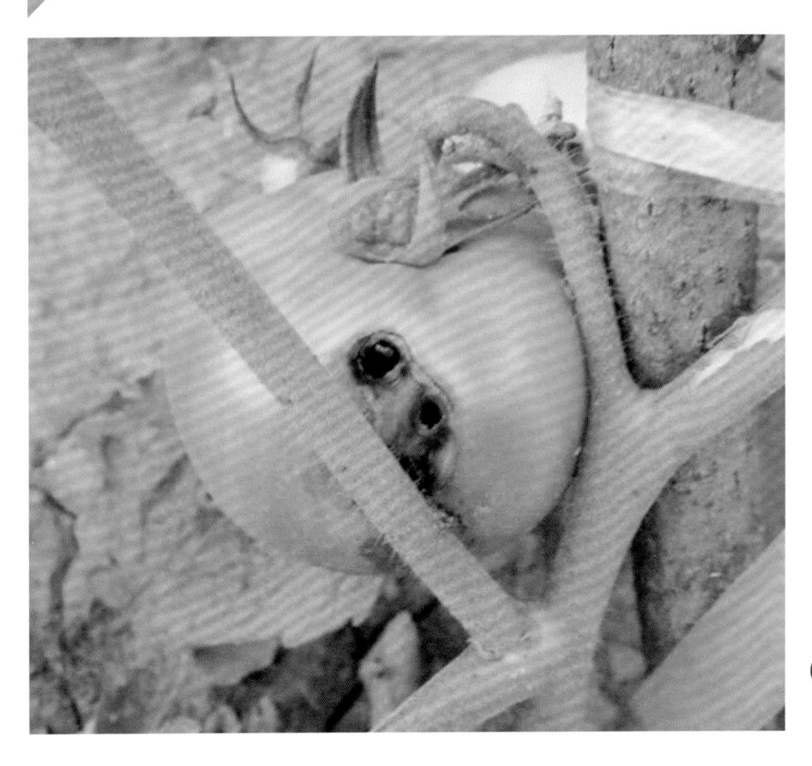

答：李明远　研究员　北京市农林科学院植物保护环境保护研究所

从照片看，是棉铃虫为害。现在只能用药防治，但要注意以下两点。

（1）用药时间。在早晨日出或下午日落前后，此时该虫串果，可直接杀死该虫。

（2）用药种类。由于该虫抗药性很强，菊酯类、氨基甲酸酯类等农药都有效，但一定要轮换用药，切勿混用。

05 问：连阴天番茄着色难，裂果严重，叶片边缘发黄，出现生理性问题怎么办？
河南省 网友“园艺小生”

答：李明远 研究员 北京市农林科学院植物保护环境保护研究所

如果连阴天，日光温室缺少光照，只好等出了太阳慢慢地恢复。也可以人工增加温度和补光，在温室里安上白炽灯（7 分地的温室安装 200~500 瓦共 15 只）为其增光提温；也可以使用叶面肥补充营养，如使用 1∶1 的尿素 + 磷酸二氢钾，浓度为 0.3%喷施叶面。

06 问：有几棵番茄的叶子看上去有点干，是怎么回事?

河南省　网友“农民容易吗”

答：黄金宝　副研究员　北京市农林科学院植物保护环境保护研究所

看照片不是传染病，可能与定植前植株受害有关。您可以给这几棵苗浇浇水，很快就会恢复正常了。

07

问：番茄这种裂果是怎么形成的?
河南省　网友“小飞”

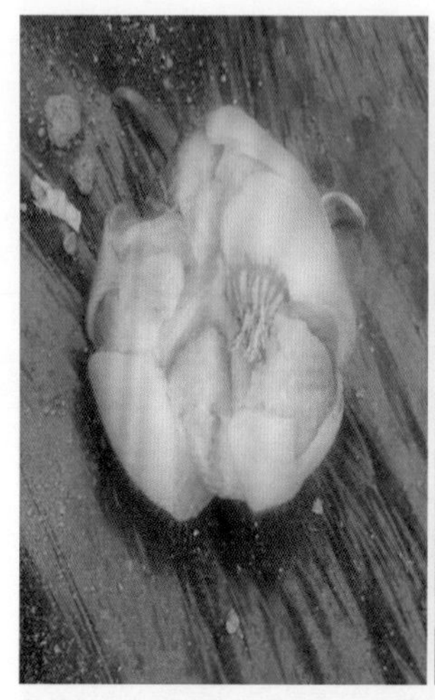

答：陈春秀　推广研究员　北京市农林科学院蔬菜研究中心

这是番茄畸形果，原因是由于育苗期间温度低，长时间处于13℃以下。再一个原因是栽培期间蘸花用的生长素用量过大，也容易形成畸形果。这种畸形果一旦出现，一般没有恢复的可能，只有控制好育苗期的温度，防止畸形果出现。

08 问：番茄这种果实得了什么病？

北京大兴区　某女士

答：黄金宝　副研究员　北京市农林科学院植物保护环境保护研究所

该番茄是脐腐病，第一是缺钙引起，可以使用根外追肥的方法补钙，使用0.5%氯化钙+5毫克/千克的萘乙酸喷叶。第二是水分供应不足，在定植时要浇好底墒水，做到果实膨大期不缺水；此外，定植的时候应将苗子归归类，使相同大小的苗子栽在一起，便于根据苗情进行水分的管理，在缺水时可以稍加补水。

再有，从图片上看，除发生脐腐病外已有大量腐生菌发生，应该是大棚湿度偏高造成的。

09 问：番茄出现这种情况是黄化曲叶病毒吗？

北京市房山区　李女士

答：黄金宝　副研究员　北京市农林科学院植物保护环境保护研究所

该症状是黄化曲叶病毒病。

防治方法

（1）防治 Q 型烟粉虱。

①育苗前清理棚室所有残叶和所有活体植物；

②高温闷棚 2~3 天（不低于 46℃）；

③黄板诱杀（金盏黄 410 纳米）；

④ 60 目防虫网罩风口；

⑤释放赤眼蜂；

⑥农药防治：啶虫脒、烯啶虫胺、氟虫腈、阿克泰、锐劲特、灭蝇胺、噻嗪酮（扑虱灵）、吡丙醚及矿物油等。

（2）农业防治。

①选用耐（抗）病品种：浙杂 3 号、毛粉系列、欧官或欧贝；

②合理计划播种期，避开烟粉虱生育高峰期。

10 问：番茄果实上面有白斑是怎么回事？

重庆市　网友“剑”

答：李明远　研究员　北京市农林科学院植物保护环境保护研究所

从图片看，是蓟马为害的。防治蓟马可用的农药较多，包括阿维菌素、吡虫啉、阿克泰，最好的药剂可能是乙基多杀菌素。

11 问：番茄裂果是怎么回事？
北京市怀柔区　李先生

答：李明远　研究员　北京市农林科学院植物保护环境保护研究所

果实开裂和品种、管理、天气等因素有关。一般薄皮的品种，结果前期较旱，果期突然浇水过多，或露地栽培时天气多雨，都容易出现裂果。

12 问：番茄枝蔓是怎么回事？怎么防治？

河南省　网友“园艺小生”

答：李明远　研究员　北京市农林科学院植物保护环境保护研究所

图片显示的是番茄髓部坏死病。

该病是一种细菌性病害。一般通过种子传播，所以，播种时要进行种子消毒。田间一旦发现，一般无法救治。这时应及时清除病株，将其销毁，防止蔓延。另外，在整枝打杈时避免带水（雨天）操作，以免帮助其传播。

13 问：番茄乒乓球大小就烂了（棚里湿度比较大）是怎么回事？

北京市通州区　梁先生

答：黄金宝　副研究员　北京市农林科学院植物保护环境保护研究所

看了您的照片，应该是菌核病，其与灰霉病都属核盘属，可用相同的药剂防治。

（1）用药前，摘除病果、病叶，尽量摘除干净。

（2）药剂可用速克灵、嘧霉胺、克得灵或适乐时等，应在晴天上午使用，喷完药后，关闭风口，待气温提高 6~8℃后再放风，应从小往大放，防止风闪了。另外，上述几种药可轮换使用，尽量不混乱用，7 天左右 1 次，共喷 2~3 次。

14

问：造成番茄这种果实的原因是什么？前三穗果明显，到第四穗时又好多了？

河北省　某女士

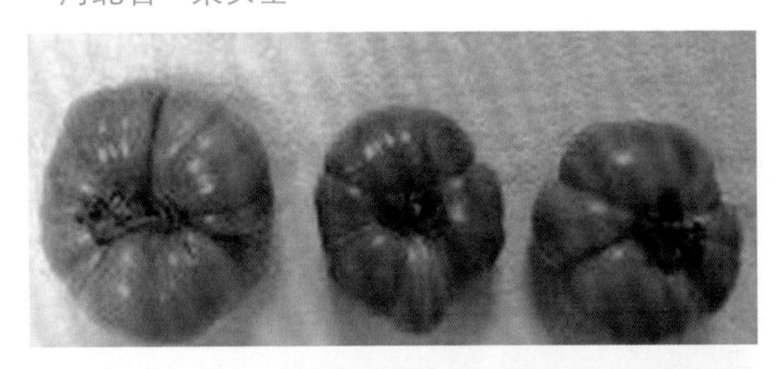

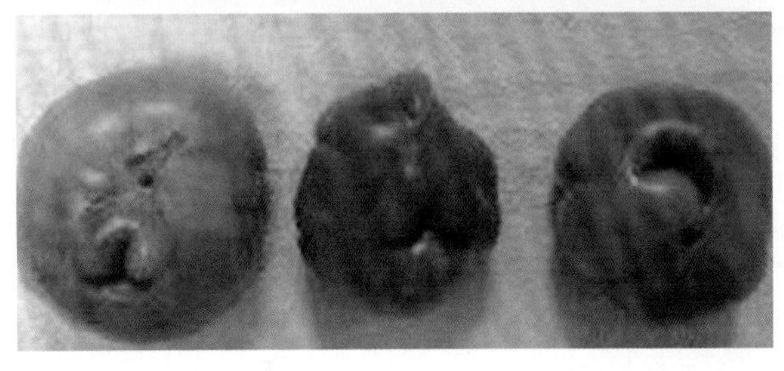

答：司亚平　研究员　北京市农林科学院蔬菜研究中心

当秧苗进行花芽分化时长期处于低温环境，就会造成畸形果的发生。说明前三穗花芽分化时温度条件差，随着气温升高，第四穗花芽分化正常了，就不会再形成畸形果。

15 问：番茄果顶部长毛，如何防治？

北京市通州区　网友“冰冷外衣”

答：司亚平　研究员　北京市农林科学院蔬菜研究中心

从照片看，是番茄灰霉病，防治药剂如下。

可喷洒50%嘧菌环胺1 000倍液、万霉灵800倍液、40%施佳乐悬浮剂1 200倍液、65%甲霉灵可湿性粉剂1 000~1 500倍液、菌核净800倍液、75%百菌清800倍液、56%嘧菌酯百菌清800倍液、50%多菌灵500倍液、75%甲基托布津800倍液、45%特克多（噻菌灵）悬浮剂3 000倍液、60%防霉宝超微粉剂500倍液、2%武夷菌素（BO-10）水剂150倍液，以上药剂交替使用。

16

问：番茄花长、叶片厚，是不是不正常?

北京市东城区　李女士

答：陈春秀　推广研究员　北京市农林科学院蔬菜研究中心

看照片问题不是很大，主要因为近期气温低，根系活力差造成生长比较缓慢，致使秧苗叶片不舒展，叶片变厚。等气温高些，进行浇水、适量追肥就可以恢复正常生长。

17

问：番茄这种情况是什么病？怎么防治？

北京市大兴区　某女士

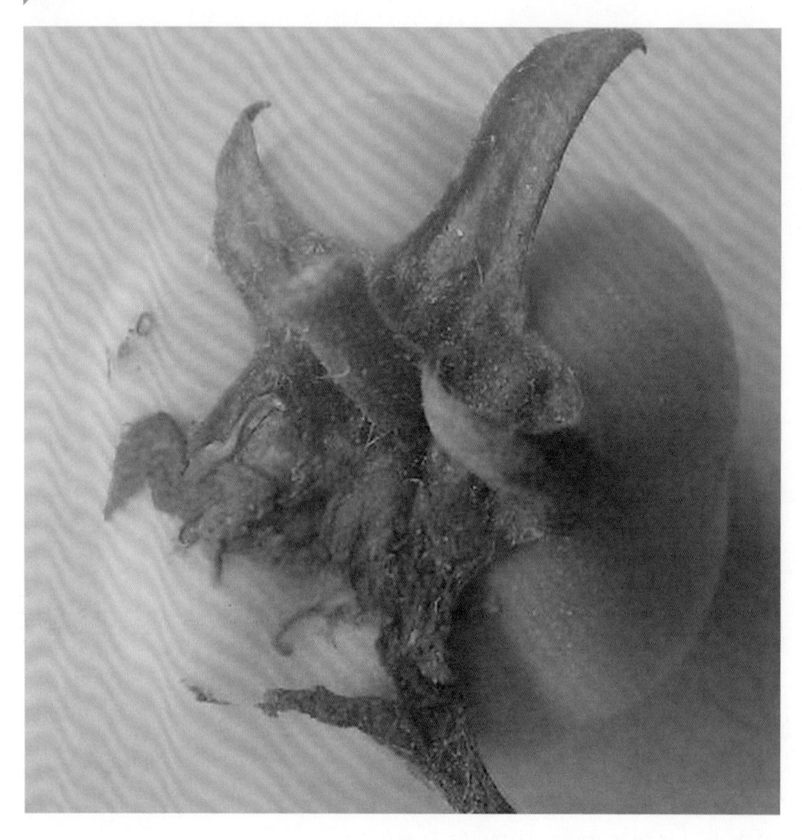

答：黄金宝　副研究员　北京市农林科学院植物保护环境保护研究所

看照片应该是番茄灰霉病。先摘除病果、病叶，然后在晴天上午可用甲霉灵、嘧霉胺或适乐时等药剂防治。注意喷药后，将棚温提高后再放风，另外，上述几种药可轮换使用，请勿混用。

18

问：番茄育苗时温度低，幼果长成玫瑰花状，随着气温升高，后边结出的果会正常吗？

北京市怀柔区　张女士

答：李明远　研究员　北京市农林科学院植物保护环境保护研究所

番茄果实能否发育成正常果，主要取决于花芽分化的质量。通常番茄发芽后25~30天，2~3片真叶时，第一序花开始分化。35~40天第二序花开始分化，60天第三序花也开始分化，这时幼苗长至7~8片真叶，已现蕾或开花。上述过程在育苗期完成，当幼苗期第一、第二、第三花序形成时遇低温，前面三穗果就会发生畸形。后面正常温度下花芽分化正常，结出的果实就也正常了。可以及时把畸形的果实疏掉。

19

问：番茄畸形果，是花芽分化时受到温度影响造成的吗？

北京市怀柔区　张女士

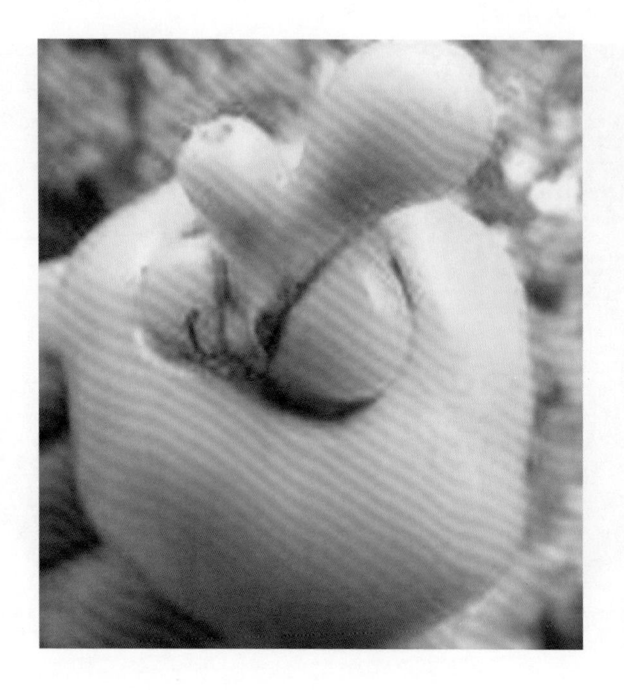

答：陈春秀　推广研究员　北京市农林科院蔬菜研究中心

您种植的番茄是典型苗期温度过低，造成花芽分化不完全。到结果期时就会出现畸形果。在育苗时，气温不要低于13℃，就可以预防畸形果的出现。

20 问：黄瓜龙头是怎么回事？

山东省　网友“娶你？我幸福”

答：黄金宝　副研究员　北京市农林科学院植物保护环境保护研究所

看过照片，说不出确切原因，但不是传染病。您可从近期温度控制、风口开放、使用肥料或农药等管理措施上，多方面寻找原因。

21 问：黄瓜下部叶片完好，心叶变黄，死亡，怎么回事？
河北省　网友“倔强的蜗牛”

答：李明远　研究员　北京市农林科学院植物保护环境保护研究所

这种情况有可能是连阴天的原因。

在遇到连阴天时，特别是夜间呼吸较强时，植株没有营养供给生长点，这时生长点十分娇弱，在返晴后就很容易受到短时间的高温伤害。遇到这种情况应当在晴天中午回苫，避免伤害到生长点。

22 问：黄瓜叶子上有斑点是怎么回事？

河南省　高先生

答：司亚平　研究员　北京市农林科学院蔬菜研究中心

从照片看，是感染了霜霉病。用克露或波尔多液防治，并加强通风，降低室内湿度。

23 问：黄瓜底部叶片发黄是怎么了？

北京市　网友“小飞”

答：司亚平　研究员　北京市农林科学院蔬菜研究中心

从照片看，像缺钾的症状。可以随水施硫酸钾并配合叶面喷磷酸二氢钾。

24

问：黄瓜叶子背面黑色的是什么害虫？
广东省　网友“吉吉”

答：黄金宝　副研究员　北京市农林科学院植物保护环境保护研究所

从照片上看不到虫子，但从叶片病斑上判断，应该是蓟马所为。防治用药可用菜喜（多杀菌素）或艾绿士（乙基多杀菌素）。

25 问：黄瓜叶片上有斑点是什么病？怎么防治？

北京市怀柔区　某先生

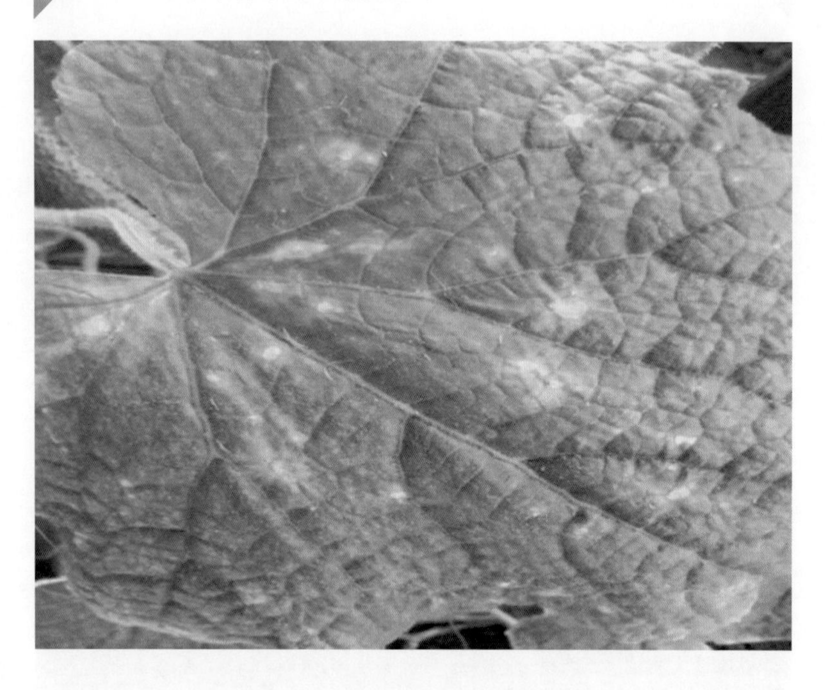

答：黄金宝　副研究员　北京市农林科学院植物保护环境保护研究所

看照片应该是黄瓜靶斑病。除加强温湿度管理外，可用10%苯醚甲环唑或25%咪鲜胺等药防治。

26

问：您帮忙看一下这 2 个棚里的黄瓜叶子怎么了？
北京市大兴区　网友“星空物语”

答：黄金宝　副研究员　北京市农林科学院植物保护环境保护研究所

从第一张照片看不是传染病，是生理病害，可能与水肥管理和缺素有关；第二张照片看似虫咬造成，可进行防虫治理；第三张照片看上去像角斑病，并且有斑潜蝇隧道。可用细菌性农药防病，用爱福丁等药剂防虫。

27

问：有 1/3 左右的黄瓜叶片，在下部、中部都有这种情况发生？

广东省广州市　网友“小许”

答：陈春秀　推广研究员　北京市农林科学院蔬菜研究中心

您种植的黄瓜是生理性的病害。主要原因是前期棚内温度高，突然放风致使温度急剧下降，棚内温度起伏过大，使叶片严重失水造成的。以后一定要注意温度、湿度的管理，切记不要使棚内温度过高、放风过大的现象出现。

28 问：黄瓜秧从根部就开始这样，茎扁平、只开花不结果，一个棚发现了4棵这样的苗是怎么回事？

北京市怀柔区　张女士

答：陈春秀　推广研究员　北京市农林科学院蔬菜研究中心

黄瓜秧茎扁平现象的原因：一是种子发芽势不好，出苗较慢；二是嫁接苗愈合不好，造成导管运输水分受阻；三是根部受伤也容易导致茎扁平现象。

从图上看，黄瓜秧顶部出现花打顶现象，原因：一是温度低；二是缺水；三是整枝过度，底部叶片打的过多造成的。

29

问：小瓜叶子起白点是怎么了？该怎么办？

内蒙古自治区　网友"呵呵"

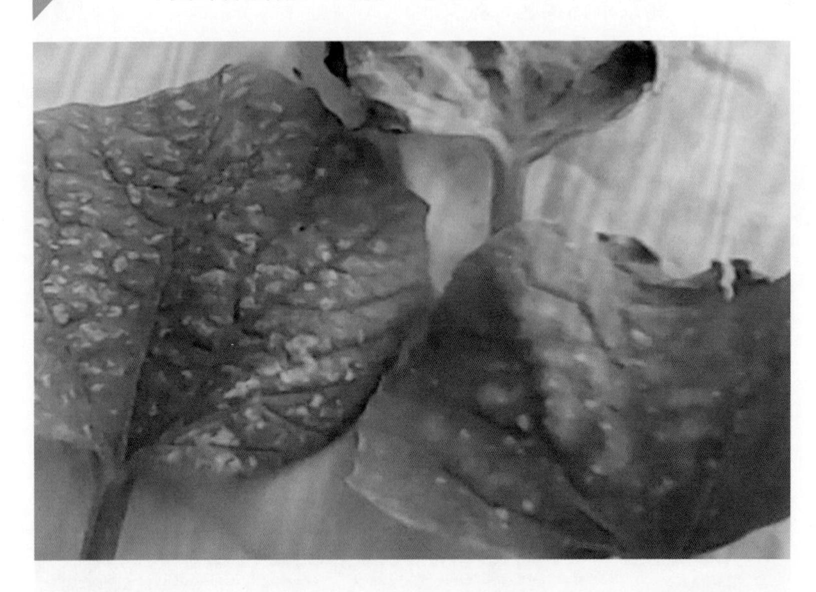

答：黄金宝　副研究员　北京市农林科学院植物保护环境保护研究所

从照片上看，不是传染性病害，不需打药，这是由于管理不当引起的，您可从水、肥及温湿度管理上找原因。

30 问：大棚西瓜早晨有露水时出现水渍状斑，露水下去后就没了是怎么回事？

北京市大兴区　张先生

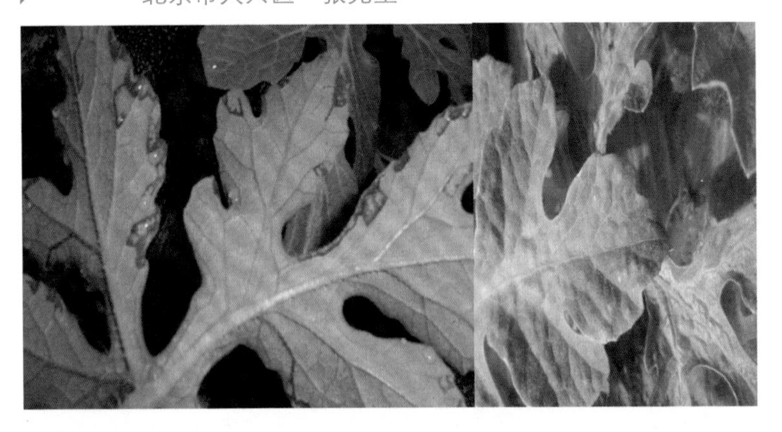

答：黄金宝　副研究员　北京市农林科学院植物保护环境保护研究所

这种情况应该是西瓜霜霉病，而且是发病初期。其在有露水时，可见水渍（烫）状病斑，沿叶脉呈多角形（角斑），露水消失后，水渍（烫）状也消失，但从叶正面可见黄色病斑，该病后期，全叶均可发病，病斑可连片，湿度大时，可见黑色小点，是其分生孢子。

霜霉病属于卵菌，其不见“明水”不发病。所谓“明水”，就是看得见的水，如浇水、露水、打药水和棚膜滴水等。由于现在早晨西瓜叶片吐水，会造成叶片边缘发病较重。因此，为防病，应加强棚室管理，尽量降低“明水”产生。可以在晴天上午，用烯酰吗啉、克露、普力克等药剂防治，每7~10天1次，连续用药2~3次。打药后关闭风口，提高温度后再放风。上述药剂，可轮换使用，切勿混用。

31

问：西瓜这种情况挺多的是怎么回事？

北京市大兴区　微信网友　武先生

答：李明远　研究员　北京市农林科学院植物保护环境保护研究所

经过电话沟通询问，您是问砧木子叶发黄是怎么回事？从图片上的叶子来看，并没有出现水浸状叶斑，我们认为是高温引起的障碍。今年春天天气回暖的较快，这几天最高温都在30℃，由于棚室温度控制较高，加速了衰老叶片的黄化。这对植株正常生长影响不大，再将温度控制低一些就可以了。

32 问：西瓜苗从栽上开始没有打过药，浇水方式是滴灌，请问瓜苗是怎么了？

河南省　网友“八月的雨季”

答：陈春秀　推广研究员　北京市农林科学院蔬菜研究中心

从图上看，西瓜苗没有生长点。原因如下。

（1）西瓜种子发芽势低，就会造成没有生长点。

（2）嫁接时温度低，也会造成生长点缺失。

（3）定植后，温度低也会造成生长点缺失，或生长缓慢，待温度提高就会逐渐长出来。

从图上看叶片边缘发干，叶片也不太舒展。主要原因是温、湿度控制的问题，当温度高时突然进行放风，造成叶片失水形成的。

33 问：大棚里西瓜秧叶尖和下面老叶子发黄是什么病?

北京市大兴区　薛女士

答：司亚平　研究员　北京市农林科学院蔬菜研究中心

从照片上看，西瓜叶尖发黄是缺钾症状，喷千分之三至千分之五的磷酸二氢钾叶面肥可改善。西瓜秧下面老叶子发黄是缺氮，如果西瓜老叶子和叶尖同时发黄，定植前可用氮钾复合肥做底肥。

34 问：西瓜棚里有10多棵这样的病叶子是什么病？

北京市大兴区　薛女士

答：陈春秀　推广研究员　北京市农林科学院蔬菜研究中心

看了照片和电话沟通后，了解了您的西瓜近期生长情况。从定植到现在一直没有用过药，也没有发现红蜘蛛、茶黄螨等虫害，而且是点片发生。所以，我分析一般这种情况是种子带毒造成的病毒病。建议用病毒灵、病毒A等药剂防治。

35

问：西瓜上有浅绿色接近白色的凸起，中间有黑色小点，是怎么回事？

北京市大兴区　王女士

答：李明远　研究员　北京市农林科学院植物保护环境保护研究所

西瓜幼果的白点中有黑点，像是药害，有可能是熏蚜虫造成的药害；也或者是由于湿度过大导致的细菌性病害。

36 问：西瓜是不是病毒病?

北京市大兴区　网友“西瓜王”

答：张宝海　研究员　北京市农林科学院蔬菜研究中心

从图片上判断，可能是激素药害。喷花时不要喷到叶子上，浓度也要合理。在管理上可以提高夜间温度，水肥充足，如果能够恢复生长就是激素药害，因为，现在这个季节不容易发生病毒病。

37

问：西瓜叶子发黄，边缘严重中间较轻，是什么情况？
北京市东城区　潘先生

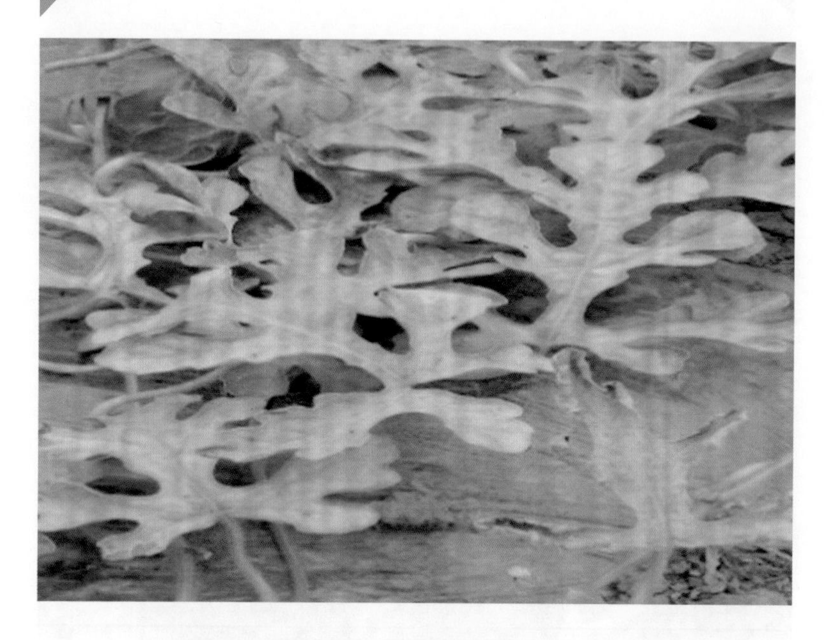

答：陈春秀　推广研究员　北京市农林科学院蔬菜研究中心

这种情况是生理性的病害。这几天温度低，阴天多，阳光弱。晴天时，棚内温度升高的快，又放风太猛，就会造成叶片边缘严重失水。

38 问：西瓜叶子是怎么回事?

北京市大兴区　贾先生

答：陈春秀　推广研究员　北京市农林科学院蔬菜研究中心

这几天天气不好，棚内湿度大。从照片上看，要得白粉病了，可以打些翠贝或百菌清。注意放风，夜间不要把风口全关上，要留小缝。

39

问：西瓜叶子黄尖是怎么回事？

北京市大兴区　刘先生

答：黄金宝　副研究员　北京市农林科学院植物保护环境保护研究所

看第一张照片，应该不是传染性病害，是由于管理不当造成的，特别是温湿度控制以及追施化肥等不当所致。看第二张照片，棚室边缘的植株和草都是绿的，也证明了不是传染病。现在天气较热，可加大放风，叶面可喷施0.3%~0.5%的磷酸二氢钾，以增强植株抗性和促进果实增大。

40 问：西瓜叶子和果实是怎么回事？

山东省　网友“鲁农资潘先生”

答：李明远　研究员　北京市农林科学院植物保护环境保护研究所

从图片上看，多数为病毒病，至于是哪种病毒，光凭照片看确定不了。不过您可以先看一下西瓜是否有倒瓤的情况，如果有，不排除有绿斑驳病毒的可能。

41 问：瓜苗的茎干了，一个棚里有一两棵，这是什么病？

北京市大兴区　贾先生

答：李明远　研究员　北京市农林科学院植物保护环境保护研究所

这种情况可能是菌核病或疫病，可以用士佳乐进行防治。

42 问：辣椒得了什么病？怎么防治？

云南省　网友“燕子”

答：李明远　研究员　北京市农林科学院植物保护环境保护研究所

您种植的辣椒得了白粉病，应当使用世高（苯醚甲环唑）进行防治。辣椒白粉病，属于内丝白粉，往往在辣椒体内发展一段时间，待到要产生繁殖体时才被注意，因此，会错过最好的防治时期，用药后见效也较慢。

另外，白粉病菌较易产生抗药性，同一种农药在一个地区用久了，防治效果就会下降。这时要更换一下防治用药，特别是更换成非同类的农药，会提高防治效果。

43

问：辣椒苗被虫子咬了，这是什么虫？怎么防治？
江西省　网友“有风吹过 ~ 种”

答：司亚平　研究员　北京市农林科学院蔬菜研究中心

从图片上看，虫子是蝼蛄，可以诱杀。

防治方法

（1）将豆饼或麦麸 5 千克炒香，或用秕谷 5 千克煮熟晾至半干，再用 90% 晶体敌百虫 150 克对水将毒饵拌潮，每亩用毒饵 1.5~2.5 千克撒在地里或苗床上。

（2）在蝼蛄为害严重的菜田，每亩用 5% 辛硫磷颗粒剂 1~1.5 千克与 15~30 千克细土混匀后，撒于地面并耙耕，或于栽前沟施毒土。

（3）苗床受害重时，用 50% 辛硫磷乳油 800 倍液灌洞杀灭害虫。

44 问：辣椒叶子背面有白毛，是什么病？如何防治？

山西省　某先生

答：黄金宝　副研究员　北京市农林科学院植物保护环境保护研究所

从图片上看，是辣椒白粉病。可先将老病叶打掉，在晴天上午，喷施凯润、福星等药剂防治。由于病较重，可按农药说明的最高浓度配置，5~7天用药1次。打完药后，关闭风口，提高6~8℃后再放风，注意要从小到大放风，以防闪苗。

45 问：辣椒叶子脉间失绿，是怎么回事？

山东省　网友“沃丰施敢当”

答：司亚平　研究员　北京市农林科学院蔬菜研究中心

从图片上看，像缺铁的症状，需要检测土壤 pH 值，pH 值过高时铁离子被固定，植物无法吸收。这时可以叶面喷施浓度为 0.05%~0.3%的硫酸亚铁，连续喷 2~3 次。后期注意改善土壤 pH 值。

46 问：目前有一个棚的辣椒前几天上蚜虫了，怎么办？

北京市怀柔区　微信网友“鹤鸣”

答：陈春秀　推广研究员　北京市农林科学院蔬菜研究中心

如果点片发生，数量不大可以用生物防治的方法，一是用捕食蚜虫的瓢虫来防治；二是用药剂防治，可以用高效溴氰菊酯等药剂。

但是看照片，棚里蚜虫发生不是一两天了，比较严重，这时放瓢虫已晚，只能用药剂进行防治了。

47 问：白菜什么病？怎样防治？

黑龙江省　网友“天晴”

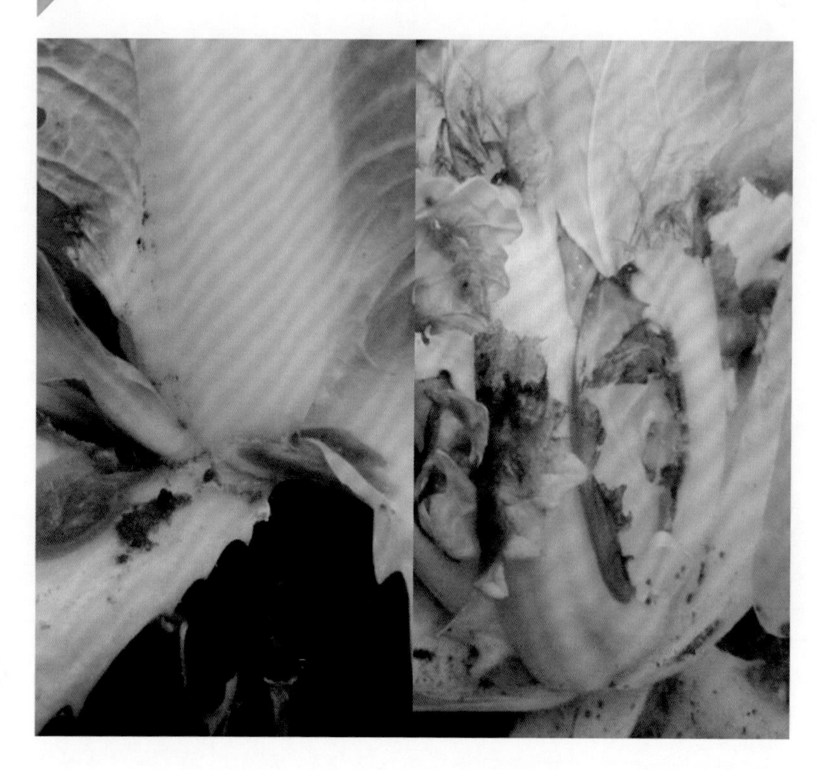

答：李明远　研究员　北京市农林科学院植物保护环境保护研究所

这种症状是白菜褐腐病。可使用多菌灵进行防治。

48 问：白菜叶子上面有小黄点是怎么回事?

河南省　网友“园艺小生”

答：李明远　研究员　北京市农林科学院植物保护环境保护研究所

从图片上判断，是药害或是炭疽病。如果发生有方位性，就可能是药害引起。

49 问：白菜叶子边发黄，是怎么回事？如何防治？

河南省　网友“河南霞”

答：李明远　研究员　北京市农林科学院植物保护环境保护研究所

这种情况像是大白菜霜霉病。

防治方法

（1）种植抗病品种。鉴于各地市场需求不同，河南地区种哪个品种既好卖、又抗病，请与当地的推广部门联系。

（2）选择适合的播期，一般早播病重。

（3）从苗期开始根据病情，用药防治。使用的农药种类较多，如百菌清、代森锰锌、克露、普力克都行。每周 1 次，连防 3~5 次。

如果前期防治比较到位，待到 10 月 1 日往后天气较冷时，白菜也已经封垄，不适合折腾，一般就不需要防治了。

50

问：这两天下雨盖棚了，大棚中间稠密的地方，白菜底部以及菜帮的两侧变褐，严重的蔓延到菜帮上部，外面两层叶出现这种情况较多，是什么病?

上海市　刘先生

答：黄金宝　副研究员　北京市农林科学院植物保护环境保护研究所

从图片观察，不止黑帮，其叶边缘病斑呈“V”形，其根维管束变褐，像是黑腐病，属于细菌性病害。由于您是有机种植，建议用一些抗生素类药剂如新植霉素、多抗霉素药剂进行防治。

51 问：小白菜上好多蜗牛怎么防治?

北京市大兴区　网友“平平平”

答：司亚平　研究员　北京市农林科学院蔬菜研究中心

撒施有机诱杀剂 6%嘧达颗粒剂，每亩用量 0.5 千克，或用 8%灭蜗灵颗粒剂亩施 1 千克。

52 问：扁豆叶子是怎么了？该用什么药防治？

北京市大兴区　网友“大白菜”

答：黄金宝　副研究员　北京市农林科学院植物保护环境保护研究所

图片看不太清楚，有些像锈病，可使用防治白粉病的药剂防治。如粉锈宁、世高、凯润、露娜森、卡拉生等。

53 问：豆角荚是怎么回事?

山东省　小淘

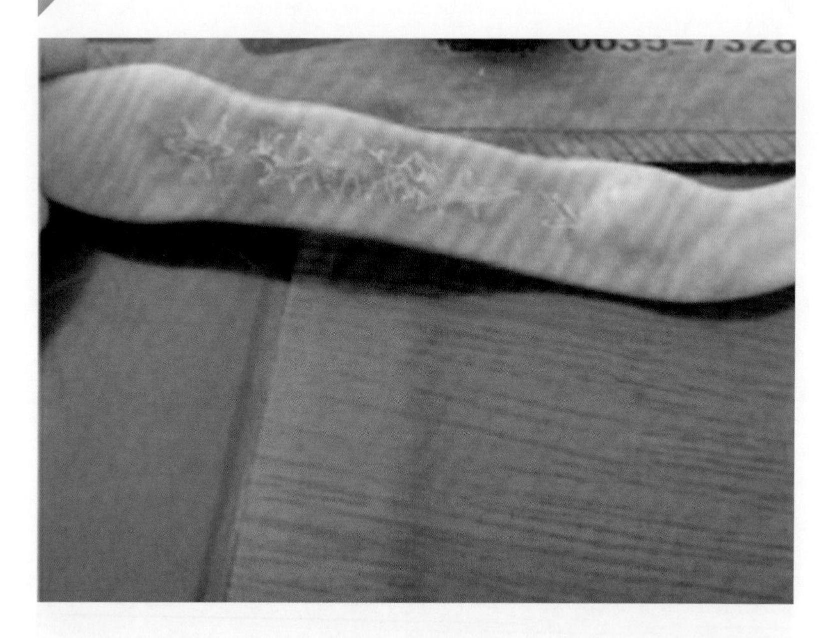

答：陈春秀　推广研究员　北京市农林科学院蔬菜研究中心

从图片看，豆荚结籽不良，可能是由于花期授粉不良、或是低温、缺素等造成，试试喷一些硼肥、钼肥。

另外，这是个别情况，还是普遍发生？倘若是个别现象而且不再发生，就不要深究。倘若发生较多或持续发生，并且植株也伴有其他症状，就需要及时防治。

54

问：一场雨之后，菜豆就这样了，怎么回事？

北京市延庆区　闫女士

答：李明远　研究员　北京市农林科学院植物保护环境保护研究所

菜豆得了炭疽病。现在总下雨，防治难度较大。此病是种传病害，从播种期就要防治，可用兼有防治炭疽病的种衣剂或多菌灵粉剂拌种（拌种用量为种子重量的 0.5%）。出苗后，可选用多菌灵、世高、啶酰菌胺等（其中的一种）农药喷雾 1~2 次。定植时，应选 3 年没有种过菜豆、排水良好的田地，同时，汰除病株。在雨季到来前集中清除 1 次病残，并使用上述农药进行 1 次预防。雨季及时排掉田间积水，发现有病叶、病荚时，开始用药（种类同上）。每周 1 次，遇雨补打。

55

问：后期开花结果的豆荚出现这种情况是怎么回事？

四川省攀枝花市　倪先生

答：黄金宝　副研究员　北京市农林科学院植物保护环境保护研究所

看了您的照片，感觉您说的是豆荚细弱这个问题。是由于植株生长后期，土壤肥力降低、温度较高造成。应补充肥料，特别是磷钾肥，并加强温湿度管理。

56

问：豆角叶子出现这种情况是怎么回事?
山东省　网友“自由人”

答：李明远　研究员　北京市农林科学院植物保护环境保护研究所

如果这种叶子只发生在个别植株上，应该是基因纯合所致。这种现象不传染，可以不用管它。

57

问：豆角子叶发黄脱落是怎么回事？
山西省　网友“山西番茄”

答：张宝海　研究员　北京市农林科学院蔬菜研究中心

第一张图片下部叶片有斑潜蝇为害。叶片发黄脱落也许是受前期低温影响，对植株影响不大。豇豆是高温类蔬菜，耐低温性比菜豆差，但耐高温性要比菜豆强。第二张图片豇豆是没有问题的，已明显生长。

58 问：四季豆叶子干枯是什么原因？

四川省　网友“秋风扫落叶”

答：黄金宝　副研究员　北京市农林科学院植物保护环境保护研究所

看了照片，特别是叶子干枯这个症状，可以肯定，不是传染性病害，是由于管理不当造成的，如追施化肥或生长素（有些肥料中含有）使用不当。建议浇水后松土，应该会尽快缓解。

59 问：西葫芦苗怎么了？怎么防治？

河南省　网友“农民容易吗”

答：陈春秀　推广研究员　北京市农林科学院蔬菜研究中心

李明远　研究员　北京市农林科学院植物保护环境保护研究所

从图片看，西葫芦苗出现了猝倒病。是温度低、湿度大造成的。注意在低温时，不要浇水，降低土壤表面的湿度，撒些干的草木灰、沙子、蛭石等。出现病害后，可以用恶霉灵灌根。

使用方法：

（1）叶面喷施稀释 1 200~1 500 倍液。

（2）灌根稀释 600~800 倍液，浸种或拌种 1 000 倍液。

（3）土壤处理：2.5 千克 / 亩拌肥撒施，穴施或条施效果更好。

60 问：西葫芦叶出现这种情况是怎么回事？

河南省　网友“农民容易吗”

答：李明远　研究员　北京市农林科学院植物保护环境保护研究所

这应该是西葫芦在早期受到不良条件引起的伤害，时间久了往往就变成这样了。将它打掉，以免浪费营养。

61 问：西葫芦苗得了什么病？怎么防治？

湖南省　网友“湖南——澧水”

答：黄金宝　副研究员　北京市农林科学院植物保护环境保护研究所

应该是传染性真菌病害，但是具体是什么病，光凭照片看不出来。您可用广谱性杀菌药剂防治，如多菌灵、甲基托布津、多抗（氧）霉素等。

62 问：籽用西葫芦什么时候打药、喷肥?

内蒙古自治区　谢先生

答：张宝海　研究员　北京市农林科学院蔬菜研究中心

苗子大小都可以喷叶面肥，但作用不会太大，为了促进生长，可以浇施0.2%的速溶肥料，尿素或保利丰等。子叶有斑潜蝇的痕迹，注意防治斑潜蝇。喷肥、浇肥都不是主要的，注意环境因素的协调管理，光照、温度、水分等。

63

问：甜瓜 4 天前打了 20%的噻菌铜，现在果面出现斑点是怎么回事?

北京市大兴区　网友“强日照”

答：李明远　研究员　北京市农林科学院植物保护环境保护研究所

从图片上看，像是细菌性斑点病。应当说您打的药是对的。但是，它是一种保护剂，应当对未得病的瓜有保护作用，而对已得病的瓜，就无能为力了；如果病害的发生速度有所下降，就证明您使用的药剂是对的，应当继续用 2~3 次，应当会有效果。

64 问：甜瓜苗部分叶子腐烂，这种情况很多是怎么回事？

广东省　网友“小许”

答：司亚平　研究员　北京市农林科学院蔬菜研究中心

这种情况疑似蔓枯病，可叶面喷洒 70％甲基托布津可湿性粉剂 600 倍液、70％代森锰锌可湿性粉剂 400 倍液、50％扑海因可湿性粉剂 800 倍液，或用 40％多硫悬浮剂 500 倍液，或用 80％大生可湿性粉剂 800 倍液喷雾。

65 问：甜瓜从里往外烂是怎么回事？

北京市东城区　网友“随风飘扬”

答：李明远　研究员　北京市农林科学院植物保护环境保护研究所

从图片看，我认为腐烂应当是从外面往里发展的。一是看看秧子是否有问题，如果有病，病菌可以通过导管进入甜瓜。二是看看是不是有虫孔，有的虫子在瓜嫩的时候打孔进去，时间久后，虫孔封住了，虫子的为害加重，引起腐烂。

66 问：甜瓜得了什么病？怎么防治？

河北省张家口市　网友“瑞丰祥草莓采摘”

答：李明远　研究员　北京市农林科学院植物保护环境保护研究所

这种情况是甜瓜枯萎病，这种病是通过种传和土传。最好的防治方法是嫁接换根。

67 问：靠近麦子地的地块上，有虫子吃西兰花叶子，是什么虫子？怎么防治？

北京市通州区　网友“我是老杨”

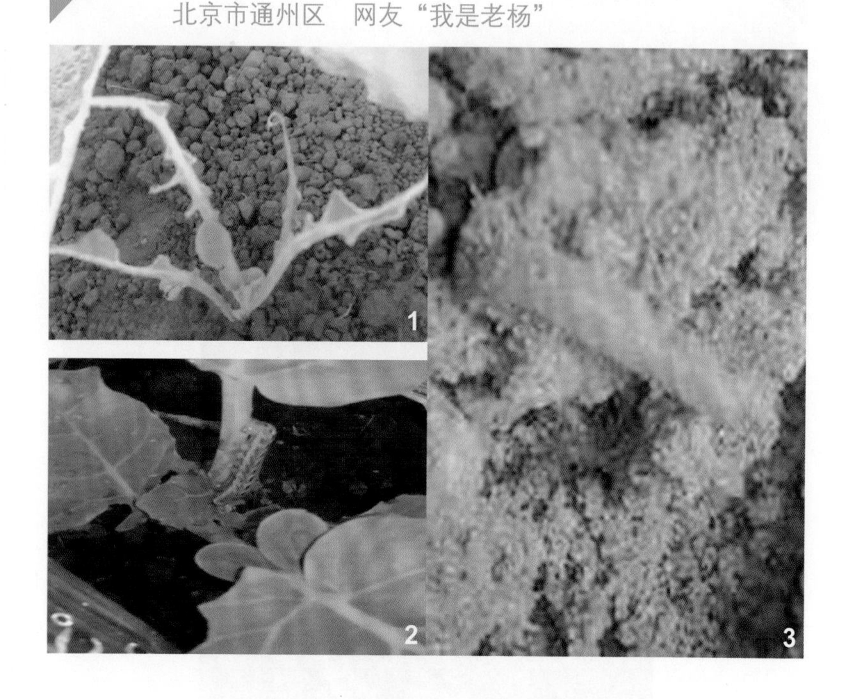

答：司亚平　研究员　北京市农林科学院蔬菜研究中心

第一张图片是金龟子为害，可用5%辛硫磷颗粒剂，每亩2.5~3千克或丁硫克百威颗粒剂每亩3~5千克撒施；或用80%敌百虫可溶性粉剂100倍液或50%辛硫磷乳油1 000倍液喷洒浇灌。也可以用黑光灯、高压汞灯诱杀。第二张图片看不太清楚，像是小地老虎，用上面的农药也可防治。第三张图片是菜青虫，可用5%抑太保乳油800~1 000倍液；5%卡死克可分散液剂1 000倍液；2.5%功夫乳油1 500倍液；5%高效氯氰菊酯乳油1 000倍液；2.5%菜喜悬浮剂1 500~2 000倍液；15%安打悬浮剂2 000~3 000倍液等进行防治。

68 问：刚定植的菜花为什么就有花球了？

北京市大兴区榆垡镇全科农技员　网友“大堂”

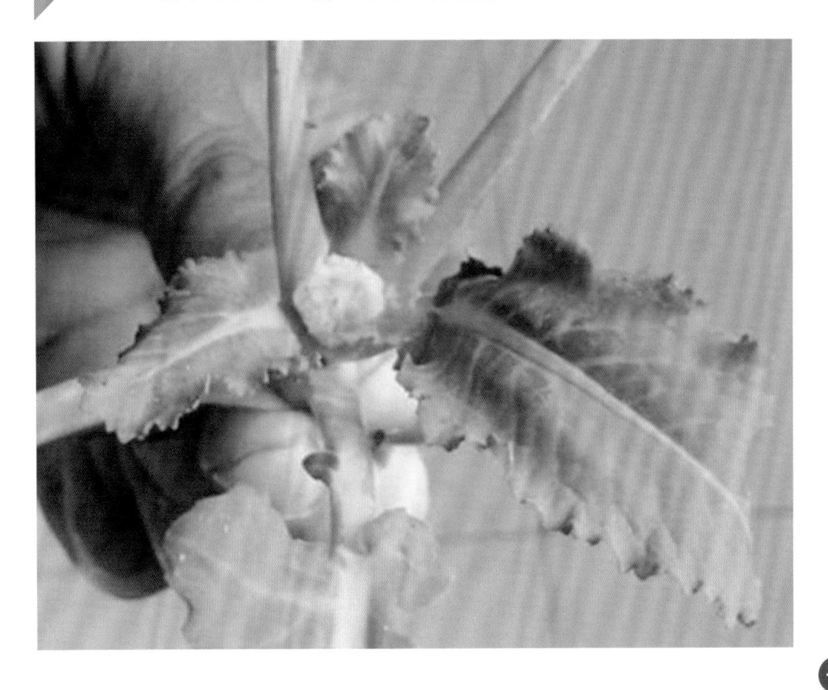

答：张宝海　研究员　北京市农林科学院蔬菜研究中心

这是早花现象，是菜花植株在很小的时候提早进行花芽分化导致的。

菜花品种分春、秋种的品种。有的品种只能春天种，有的品种只能秋天种，也有的品种春秋都可以种。不同的品种差异很大，所以，要注意选择品种。

即使春季种的品种，在管理上也不能无限度的低温。菜花在达到一定大小后开始感受低温，积累的低温达到一定程度就会花芽分化。

69

问：西兰花叶片边缘发黄变褐，得的是什么病？

黑龙江省　网友“贪睡虫”

答：李明远　研究员　北京市农林科学院植物保护环境保护研究所

从照片看，是西兰花黑腐病。黑腐病属于细菌性病害，一般种子带菌。病菌通过叶片的边缘水孔侵入，所以，往往在叶片的边缘，出现带有黄晕的褐斑。

在生产中，黑腐病在十字花科蔬菜上都有发生，以甘蓝类蔬菜为重。

70

问：青菜根上全是灰白色东西，传播也快，怎么回事?
四川省　冯先生

答：司亚平　研究员　北京市农林科学院蔬菜研究中心

从图片上看，估计是土传病害，可用恶霉灵防治。

71

问：秋葵没有蚜虫，但是有粉虱；是有机种植，施用的是牛粪。叶子发黄是缺素吗？

北京市　网友“小飞”

答：张宝海　研究员　北京市农林科学院蔬菜研究中心

从图片上看，是黄秋葵病毒病，多在苗期至生长前期发生。

防治方法

不从病田留种，并选用抗病品种。培育壮苗，增施底肥，定植后适当追施磷、钾肥。干旱季节注意适时浇水，使植株生长健壮，减轻发病程度。在植株幼嫩时期要加强蚜虫的防治。及时清除田间及四周杂草，重病株尽早拔除，减少传毒。

发病初期，可选用5%菌毒清可湿性粉剂400~500倍液，或用20%盐酸吗啉胍·铜可湿性粉剂400倍液、15%植病灵可湿性粉剂1 000倍液、混合脂肪酸水乳剂100倍防治3次，隔7~10天1次。

72 问：茼蒿的这种情况是什么病?

江苏省　网友“江苏农资刘”

答：李明远　研究员　北京市农林科学院植物保护环境保护研究所

从图片上看，是茼蒿霜霉病。使用对霜霉病有效的药剂即可解决问题。

73 问：大葱干尖是什么病？为什么干尖？怎么可以预防？

北京市大兴区　网友“蔬菜种植”

答：李明远　研究员　北京市农林科学院植物保护环境保护研究所

大葱干尖，有生理和病理两种情况。生理方面是管理的问题，不属于病害，如果缺水、养分不足即可引起干尖；病理方面，如灰霉病、霜霉病、紫斑病、黑斑病都会有干尖的表现。其中灰霉病多在保护地冷凉的季节发生，霜霉病多在春夏之间露地发生。目前是紫斑病、黑斑病在露地发生的季节。请根据情况进行判断。

从照片分析，前期雨水多，好像是发生了紫斑病或黑斑病。可用异菌脲（扑海因）加洗洁净（黏着剂）1 500 倍液防治。

74

问：芹菜得了什么病？怎么防治？

河南省驻马店市　雷先生

答：司亚平　研究员　北京市农林科学院蔬菜研究中心

看图片像斑枯病。可以用农用链霉素、新植霉素或可杀得喷洒叶面试试。

二、果树

01 问：5 年生的王林苹果树出现这种症状是怎么回事？
北京市平谷区　王先生

答：鲁韧强　研究员　北京市农林科学院林业果树研究所

从图片看，王林苹果树是缺钾。

苹果树缺钾易出现叶缘向中心焦枯或叶缘向里卷曲现象，同时，发生褐色斑点坏死，老叶先有症状。

补救措施：秋施基肥或生长季追肥时，增加硫酸钾的施用量，生长季喷施 2% 草木灰浸出液或 0.3% 磷酸二氢钾。

02

问：苹果树叶上有褐色的斑是什么病？怎么防治？

内蒙古自治区　网友李先生

答：徐筠　高级农艺师　北京市农林科学院植物保护环境保护研究所

从图片看，应为苹果灰斑病。北方果区5月中、下旬开始发病，7—8月为发病盛期。一般在秋季发病较多，高温、高湿、降水多而早的年份发病早且重。

防治措施

（1）农业防治。及时中耕锄草，疏除过密枝条，增强通风透光。落叶后清洁果园，扫除落叶。

（2）药剂防治。重点保护春梢叶片，秋梢叶片只需在生长初期控制。可选择的药剂有：1.5%多抗霉素水剂300~500倍液，10%多氧霉素1 000~1 500倍液，4%农抗120果树专用型600~800倍液，5%扑海因可湿性粉剂1 000倍液。这些农药应以多抗霉素为主，其他药剂交替使用。第一次落花后喷药，第二次在5月中旬，第三次在秋梢生长初期的6月底或7月初。

03

问：苹果树是什么病？怎么防治？

北京市延庆区　吴女士

答：徐筠　高级农艺师　北京市农林科学院植物保护环境保护研究所

从图片看，是苹果锈病又名赤星病等。

防治方法

（1）果园 5 000 米以内不能种植桧柏。

（2）早春在果园周围桧柏上喷波美 2°~3° 石硫合剂或者 100~160 倍波尔多液 1~2 次。

（3）苹果树上在花前或花后喷 1 次 25% 粉锈宁 3 000~4 000 倍效果很好。现在发病喷 1 次 25% 粉锈宁 3 000~4 000 倍可以控制病情，但是不能解决病状了。

04

问：苹果树苗有根瘤还能栽吗？同一个苗圃的没有根瘤的苗木还能栽吗？要是能栽需要怎么处理？

河南省　网友“洛阳桃树～李”

答：徐筠　高级农艺师　北京市农林科学院植物保护环境保护研究所

根茎上有瘤最好别栽，同一苗圃的没有根瘤的苗木可以栽，最好用抗根癌剂（K84）生物农药浸根，因为同一地块有带根瘤的苗木，说明这块地已经带菌。

苗木处理具体方法：定植前对苗木进行严格消毒。栽植前最好用抗根癌剂（K84）生物农药 30 倍液浸根 5 分钟后定植，或用石灰乳（石灰：水 =1：5）蘸根或用 1% 硫酸铜液浸根 5~10 分钟，再用水洗净，栽植。

05 问：梨在储存期变糠是什么原因？

北京市平谷区　康女士

答：鲁韧强　研究员　北京市农林科学院林业果树研究所

从图片看，梨果心和果肉发生褐变和果肉变糠，主要原因是果实贮藏期长，温度偏高且不稳定，果实营养消耗大，使果肉变糠；随着果肉细胞的衰老，细胞液泡膜崩解，液泡里的多酚酶与原生质中的酚类物质发生了氧化反应而变褐，造成果肉变成褐色。

06 问：红肖梨果肉变褐是怎么回事？

北京市房山区　李女士

答：鲁韧强　研究员　北京市农林科学院林业果树研究所

梨贮藏温度为 -1~0℃，梨果肉变糠变褐与采收晚，成熟度过高，入库后温度过低有关。果实成熟度高和过低库温，都会进一步加快果肉细胞的衰老和促使细胞质膜的崩解，造成液泡中的多酚氧化酶与原生质中的酚类物质发生氧化反应形成锟类物质而使果肉变褐。

07 问：梨树是什么虫为害的？怎么防治？

北京市通州区　网友“冰冷外衣”

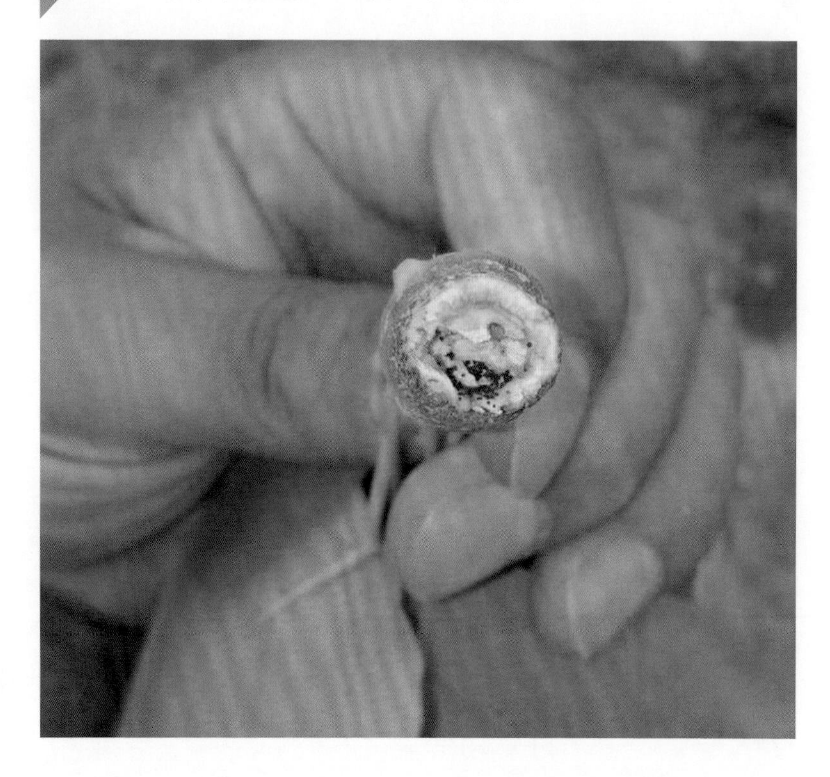

答：徐筠　高级农艺师　北京市农林科学院植物保护环境保护研究所

从图片看，是梨茎蜂为害的。梨茎蜂俗称折梢虫、剪头虫，以成虫产卵在嫩梢中，用其锯齿状产卵器将产卵处的上方锯断，幼虫孵化后即蛀食为害，向下直达 2 年生枝条，并定居其中越冬。严重受害的梨园，满园断梢累累，大树被害后影响树势及产量，幼树被害后影响树冠扩大和整形。我国从 1934 年开始记载至 1984 年前对

梨茎蜂只报道1种，并认为1年发生一代。1984年后，经鉴定证实我国有两种梨茎蜂混生，一种叫梨茎蜂，2年发生一代，是过去书本上所指的1年发生一代的梨茎蜂，奇数年份，梨茎蜂成虫花期开始羽化，当新梢长到10~15厘米时，产卵为害，偶数年份幼虫休眠化蛹。另一种叫葛氏梨茎蜂，1年发生一代，葛氏梨茎蜂成虫每年落花后开始羽化，比梨茎蜂羽化晚8天左右，当新梢长到20~27厘米时，开始产卵为害。

防治措施

（1）及时剪除被害梨树枝梢，注意一定要剪到3年生枝处，集中烧毁。

（2）奇数年份防治两次，落花后可立即对梨茎蜂进行防治，落花后8天再对葛氏梨茎蜂进行防治。偶数年份落花后8天对葛氏梨茎蜂进行防治。可选用20%氰戊菊酯4 000倍，据报道，20%啶虫脒6 000倍在防治梨蚜时使用可同时防治梨茎蜂。

（3）黄板诱杀成虫。使用方法：在梨茎蜂出蛰为害梨树新梢初现期（盛花期），将黄色双面黏虫板悬挂于1.5~2米高的2~3年枝条上，以板面东西向为宜。一般每亩悬挂8块，在梨园内均匀分布即可。

08 问：梨果和叶片上有黑斑是什么病？怎么防治？

北京市大兴区　王女士

答：徐筠　高级农艺师　北京市农林科学院植物保护环境保护研究所

从图片看，可能是梨黑斑病，是交链属真菌，为害叶片和果实。北方果区 5 月中、下旬开始发病，7—8 月为发病盛期。一般在秋季

发病较多，高温、高湿、降水多而早的年份发病早且重。

防治措施

把春梢叶片病害作为防治重点。

（1）农业防治。及时中耕锄草，疏除过密枝条，增强通风透光。落叶后清洁果园，扫除落叶。

（2）药剂防治。重点保护春梢叶片，秋梢叶片只需在生长初期控制。可选择的药剂有：1.5% 多抗霉素水剂 300~500 倍液，10% 多氧霉素 1 000~1 500 倍液，4% 农抗 120 果树专用型 600~800 倍液，5% 扑海因可湿性粉剂 1 000 倍液。这些农药应以多抗霉素为主，其他药剂交替使用。第一次落花后喷药，第二次在 5 月中旬，第三次在秋梢生长初期的 6 月底或 7 月初。

在 6—7 月晴天喷 1∶3∶240 波尔多液 3~4 遍，间隔 15~20 天。

09 问：梨果顶部有黑斑是什么病？怎么防治？
北京市密云区　李女士

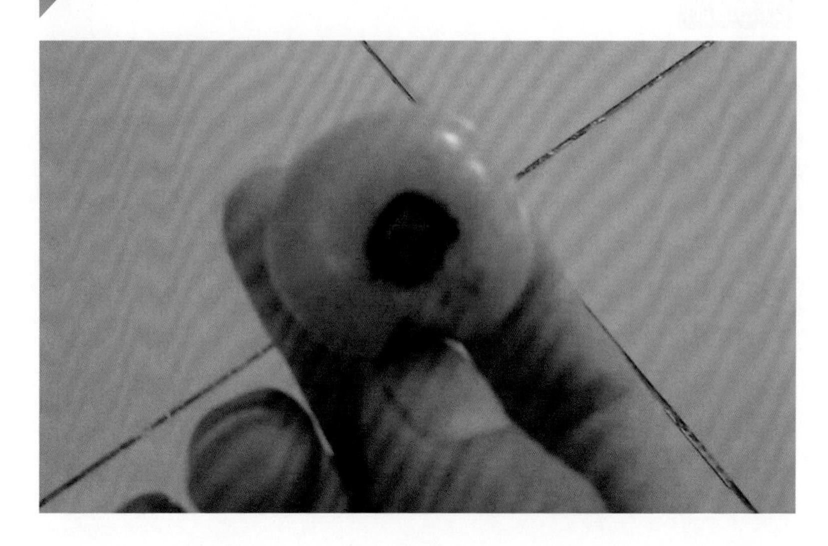

答：徐筠　高级农艺师　北京市农林科学院植物保护环境保护研究所

从图片看，是梨顶腐病又叫尻腐病、蒂腐病，以前认为是果实缺钙导致的生理病害，近年认为也伴随半知菌类真菌病害。一般只发生于西洋梨品种，故又称洋梨顶腐病。可使果实腐烂脱落，严重影响梨树产量和质量。

防治方法

繁育西洋梨苗木选用杜梨做砧木；加强果园肥水管理；新叶期叶面喷施 0.3%~0.5% 硝酸钙或 0.3% 硼砂，隔 7~10 天喷 1 次，连续喷 4 次。花后 7~10 天喷 25% 阿米西达 4 000 倍或 80% 多菌灵 1 000 倍 + 三乙磷酸铝 1 000 倍，隔 15 天再喷 1 次。

10 问：梨叶出现这种情况是怎么回事？

北京市平谷区　康先生

答：徐筠　高级农艺师　北京市农林科学院植物保护环境保护研究所

从图片看：

（1）靠近叶脉附近的黑色真菌是由梨木虱若虫分泌的蜜露发霉所致。

防治措施

抓好梨木虱花前越冬成虫及第一代卵的早期防治，可控制全年为害。惊蛰后，树上喷1.8%阿维菌素5 000倍或20%氰戊菊酯乳油2 000倍，喷2遍，间隔15~20天。

（2）大面积的黑褐色斑是梨黑斑病。

防治措施

5月落花后7~10天，喷800倍农抗120，1.5%多抗霉素300~500倍、10%多氧霉素1 500倍、50%扑海因1 500倍、40%福星10 000倍。6月晴天喷1∶3∶240波尔多液，喷2遍，间隔15~20天。7月晴天喷保护剂1∶3∶240波尔多液1~2遍，间隔15~20天。雨季可树上喷施1~2遍杀菌剂。以1.5%多抗霉素300~500倍为主，交替使用其他杀菌剂。

（3）缺镁症，表现为老叶片叶脉间褪绿并逐渐出现坏死组织。可叶面喷施硫酸镁300倍2次，间隔7~10天。

11 问：梨树叶片有黑斑，从叶子边缘开始发黑是怎么回事？怎么防治？

北京市东城区　网友“狼魂”

答：徐筠　高级农艺师　北京市农林科学院植物保护环境保护研究所

从图片看，可能是卷叶蛾为害的，请检查一下卷叶里是否有幼虫为害，如没有幼虫，可能已经转移了。

防治方法

防治卷叶蛾越冬幼虫，出蛰期防治是关键。花前、花后打 2 遍药可控制全年为害。

（1）当寄主果树花芽开始萌动时，幼虫即开始出蛰活动取食。果树花序分离期，幼虫绝大部分皆已出蛰，但尚未卷叶，是防治的极有利时期。喷 25%灭幼脲三号 1 500 倍液，或 20%杀灭菊酯乳油 4 000 倍液。

（2）落花后 7~10 天，喷 25%灭幼脲三号 1 500 倍液，或 20%杀灭菊酯乳油 4 000 倍液。

有黑斑的叶子可能是食叶性害虫为害造成伤口以后，再被病菌感染所致。黑斑的叶子防治方法：在落花后 7 天和 20 天喷 2 次 800 倍农抗 120；1.5%多抗霉素 500 倍或 10%多氧霉素 1 500 倍。

12 问：梨树得了什么病？怎么防治？

安徽省　网友“银月寒雪”

答：徐筠　高级农艺师　北京市农林科学院植物保护环境保护研究所

从图片看，是梨锈病又名赤星病、羊胡子病等，病菌在松、柏病组织中越冬。春季3月间随风雨侵入梨树的嫩叶、新梢、幼果上。梨树展叶20天之内最易受侵染。

防治方法

（1）果园5 000米范围内不能种植松、柏等寄主植物。

（2）早春在果园周围松、柏上喷波美2~3度石硫合剂或者100~160倍波尔多液1~2次。

（3）在梨树萌芽至展叶后25天内施药保护梨树。第一次用药掌握在梨树萌芽时进行，喷1∶2∶240波尔多液，每10天喷药1次，连续2次。若雨水多，应在花前喷1次，花后喷1~2次的25%三唑酮粉剂或乳剂3 000倍液，效果很好。现在叶片已受侵染，喷1次25%粉锈宁3 000倍可以控制病情，但是不能解决病状了。

13 问：梨树叶片变焦后枯萎是怎么回事？怎么防治？

北京市东城区　网友“吉祥”

答：徐筠　高级农艺师　北京市农林科学院植物保护环境保护研究所

从图片看，可能是梨叶锈螨为害的。梨叶锈螨在梨树树皮裂缝下及芽鳞下越冬。越冬螨在芽初绽期开始出蛰，最初在花芽上为害，展叶后转移到叶上，部分虫口仍留在果柄、果面上。叶片上从 5 月中旬起即可见到大量梨叶锈螨，叶背逐渐变灰褐色，严重时，整个枝条叶片向正面纵卷，呈严重萎蔫状。在炎热干旱年份，其为害性可超过任何一种叶部害虫。夏秋季节在频频降水之后虫口迅速下降，叶部症状亦有所减轻。

防治措施

（1）芽前喷 5 波美度石硫合剂。

（2）3 月中旬至 6 月中旬喷 2 遍杀螨剂。选择的药剂有：15% 哒螨酮乳油 3 000 倍液；1.8% 阿维菌素乳油 2 000~3 000 倍液；20% 三唑锡乳油 2 000~3 000 倍液等药剂。

14

问：桃幼树如何修剪?

北京市平谷区　郭先生

答：鲁韧强　研究员　北京市农林科学院林业果树研究所

看了您发来的“丫”字形桃幼树整形修剪照片，第一年冬剪基本如此。但看您留的两主枝角度太大了，这样长成大树后群体光照差且行间不便于机械作业，应把两主枝夹角调整到 60°。

15

问：桃苗是受冻了吗？

山东省　网友“家庭农场赵先生”

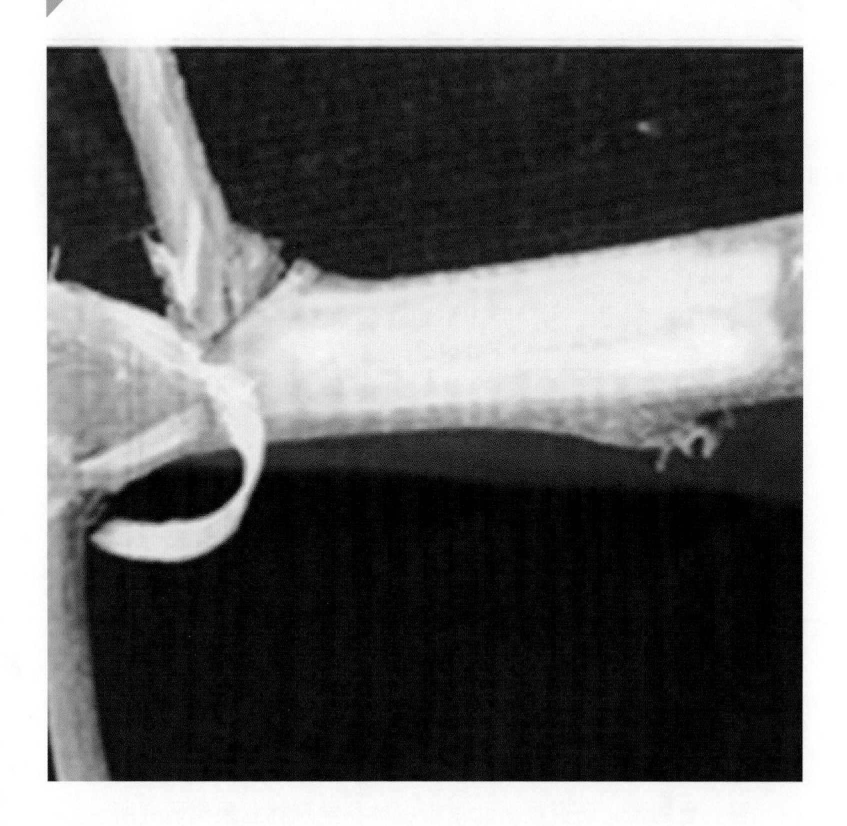

答：鲁韧强　研究员　北京市农林科学院林业果树研究所

从图片看，桃苗并没有受冻，易受冻的部位是根茎，易受冻的组织是形成层，受冻害的形成层会变褐色。

16 问：桃树叶发红是怎么回事?

四川省　网友李先生

答：鲁韧强　研究员　北京市农林科学院林业果树研究所

从图片看，桃树叶发红是缺锰症状，可以喷施硫酸锰。

17 问：桃树叶片边缘有干斑是怎么回事？

河北省　网友"河北种桃"

答：徐筠　高级农艺师　北京市农林科学院植物保护环境保护研究所

从图片看，桃树叶片边缘有干斑可能为缺钾，叶面喷磷酸二氢钾300倍，喷2遍，间隔15天。

18

问：桃树叶片有的边缘发红，有的叶片发黄是怎么回事？
广西壮族自治区　网友“小成”

答：鲁韧强　研究员　北京市农林科学院林业果树研究所

从图片看：

（1）桃树叶红边干尖，应为桃树缺钾症。

缺钾矫治方法：秋施基肥或生长季追肥时，增加硫酸钾的施用量，生长季喷施 2% 草木灰浸出液或 0.3% 磷酸二氢钾。

（2）叶面整体失绿，叶脉清晰绿色，应为桃树缺铁症。

缺铁矫治方法：果树缺铁不完全是因为土壤中铁含量不足。土壤结构不良或氮肥过量也可限制根系对铁的吸收利用。因此，在矫治缺铁时首先要增施有机肥来改良土壤，以提高土壤中铁的可利用性。在秋施基肥的同时，每株土壤直接施入硫酸亚铁 0.5 千克，掺入畜粪 20 千克，叶面喷施 0.3% 硫酸亚铁水溶液或螯合铁（柠檬酸铁）水溶液，每间隔半个月喷施 1 次，共喷施 3~4 次，效果较好。

19 问：桃树地里发阴，桃是不是不容易着色？怎么能使桃着色好？

北京市海淀区　马先生

答：鲁韧强　研究员　北京市农林科学院林业果树研究所

桃树地里发阴会对着色有一定的影响。若让桃着色好，首先要保持中庸树势和适宜的枝叶疏密度，保持良好的群体光照。同时，注意控制氮肥，增加钾肥的施用，氮、磷、钾比例为：1∶0.5∶1.2，在树势中庸的情况下果实大而着色好。

20 问：桃树苗旺长，明年会结桃吗？

河南省　网友“洛阳中秋王桃种植基地”

答：鲁韧强　研究员　北京市农林科学院林业果树研究所

从图片看，桃树新梢生长很旺，但桃树的中庸枝、长新梢可以在中部以上形成花芽，明年结果。即使是生长很旺的徒长新梢，也可在副梢上形成花芽。

明年能否结果，关键是冬季进行长枝修剪，通过轻剪缓放，保留足够花芽。现在控长可对新梢进行轻摘心，或喷多效唑等生长抑制剂，减缓生长，促进花芽充实。

21 问：桃采前落果是怎么回事？同品种中某棵树果子小又是怎么回事？

北京市海淀区　马先生

答：鲁韧强　研究员　北京市农林科学院林业果树研究所

（1）桃采前落果有几种情况。一是离核品种果实膨大后，果柄处结合部位易随果肉与果核分离而松动，导致落果；二是果柄短的品种在粗壮长果枝上结的果实，在果实迅速膨大时强大的挤压力压不弯果枝而将自己顶掉；三是有的品种在成熟后果柄易产生离层，即品种问题。

（2）同样品种中某棵树果子小。可能是该品种的芽变植株，果实变小或成熟期变晚，表现与本品种其他树结果不一样；也可能是定植时苗木品种混杂。

22 问：桃主干型上部果枝比主干粗怎么办？桃幼树怎么化控？

四川省　网友李先生

答：鲁韧强　研究员　北京市农林科学院林业果树研究所

（1）主干形要保持中干的直立优势，对主干上的果枝要随时注意长势和粗度的平衡。对 5 月底至 6 月初就明显强壮的枝条，在 6 月中旬重截促其再发枝，对一般果枝长到 40 多厘米时轻拿枝开角；到 7 月再拿一次枝，果枝角度开张且生长充实，花芽饱满；到 8 月中旬后还在生长的枝条，可将其摘心促中下部花芽充实。因现在还在生长的新梢部位已不能形成花芽，现在已形成的花芽会随枝条停长逐渐充实。只要冬剪轻剪甩放，都能结果。

（2）桃幼树化控要达到即长树又获中庸充实的果枝，一般在果枝长到 40 厘米左右时，喷 250 倍多效唑，半月后再喷 1 次，就可达到较好效果。但主干形为保持中干优势，注意不能喷中干延长新梢。

23

问：今年定植的小桃树冬剪时想清干，牵制枝是留下还是剪掉?

山东省　网友“聊城～二军”

答：鲁韧强　研究员　北京市农林科学院林业果树研究所

今年定植的小桃树修剪，可疏掉主干上部过低的枝条，对中干上部过强的新梢可重截，以保持中干的优势。牵制枝是拉枝下垂后，在背上弓起部位发出的徒长枝。由于背上枝的竞争生长，抑制了下垂枝的生长，使下垂枝生长量减小并成花早。牵制枝完成牵制生长后一般在修剪时疏除，若主干缺枝也可保留，进行拉枝补空。

24

问：桃树花期遇阴雨天气，要采取什么补救措施？桃花开了 30% 左右后有一个星期的晴天，会有影响吗？
河南省　网友“小刘桃子”

答：鲁韧强　研究员　北京市农林科学院林业果树研究所

桃树花期遇雨，如果是阵雨后即晴天，对授粉影响不大。但如果在花期遇连阴雨天，就会严重影响授粉受精，降低坐果率。在花期雨多的地区，应在桃花大蕾期采花制粉，在连绵阴雨的间歇中突击人工授粉。桃花开了 30% 左右后有一个星期的晴天，影响不大，最好用大鸡毛弹子人工辅助授粉。

25 问：桃树叶片发黄是怎么回事？

四川省　李先生

答：徐筠　高级农艺师　北京市农林科学院植物保护环境保护研究所

从图片看，桃树叶片发黄不像缺素症，像是高温日灼或低温伤害，发黄叶片发育不正常且有方向性。

26

问：桃树叶片向上卷是怎么回事?

山东省　网友“聊城～二军”

答：徐筠　高级农艺师　北京市农林科学院植物保护环境保护研究所

从图片看，桃树叶片向上卷可能是缺硼，缺硼一般为新叶纵且向上卷。

防治措施

（1）增施有机肥。一般 8 月底至 9 月初施用。

（2）结合施有机肥每亩土施硼砂 1 千克。

（3）在花期和花后 15 天叶面喷施硼砂 300 倍。

27 问：紫桃桃果比较小，怎么增大桃果果个？

江苏省　网友“江苏～供海安紫桃苗”

答：鲁韧强　研究员　北京市农林科学院林业果树研究所

桃的大小主要由遗传基因决定，但外界环境条件也可影响它的生长。在栽培中，注意疏花疏果，果实发育前期施用氮肥，中后期以磷钾肥为主，氮肥为辅，这样，既有利于增大果个和增加果实甜度，也有利果皮表面光滑和转色。

另外，桃树使用多效唑，可抑制新梢过旺生长，促进花芽分化，促进坐果。

使用方法

（1）土施。发芽前，每投影面积 1 克，加水沟施，生长特别旺盛的树每投影面积 1.5 克，以土施效果最好。

（2）叶面喷施。新梢 20 厘米长时，树上喷 200 倍的多效唑 1~2 遍，细致喷透，中间间隔 10 天，观察嫩梢发皱停止生长即可。

28 问：桃树上啃食叶片的虫子是什么虫？怎么防治？

四川省　网友李先生

答：徐筠　高级农艺师　北京市农林科学院植物保护环境保护研究所

从图片看，啃食叶片的虫子是桃虎象，亦称桃象虫，主要分布在我国南方。寄主植物主要为桃。1 年发生 1 代，以成虫为主及部分幼虫在桃树下土内越冬，距土表深度 5~30 厘米。由于越冬虫态不一，成虫出土期前后可长达 5 个月。次年春季当桃树花芽膨大时成虫开始出土上树为害，以 4 月成虫盛发期受害最重。成虫可取食桃叶、幼果，并产卵于果实上，幼虫孵化后蛀食果肉，6—9 月陆续老熟，脱果入土。

防治措施

（1）树盘土壤施药。在桃花芽膨大期土施 25% 辛硫磷微胶囊，每亩 0.5 千克，对水 30 千克喷布地面，注意要混土。1 个月后，再施 1 遍。

（2）人工防治。5 月前可振树捕捉成虫。5—6 月下旬，分次捡拾落果，集中沤肥消灭虫源。

29 问：桃树红蜘蛛怎么防治？

山东省　网友孙先生

答：徐筠　高级农艺师　北京市农林科学院植物保护环境保护研究所

为害桃树的红蜘蛛主要是山楂红蜘蛛，又称山楂叶螨。

防治措施

麦收前，防治山楂叶螨可选择15%哒螨灵乳油3 000倍液、20%螨死净胶悬剂2 000~3 000倍液、15%扫螨净乳油2 000倍液、25%三唑锡2 000倍液、5%尼索朗乳油2 000倍液等。药剂要轮换使用。喷药时可加800倍的洗洁精以降低水的表面张力，增加展着力，提高药效。

防治指标：平均每叶2头，喷1~2遍可控制为害。要加强测报，做到早期防治。

30 问：桃叶上有好多虫眼是什么虫为害的？怎么防治？

北京市平谷区　康先生

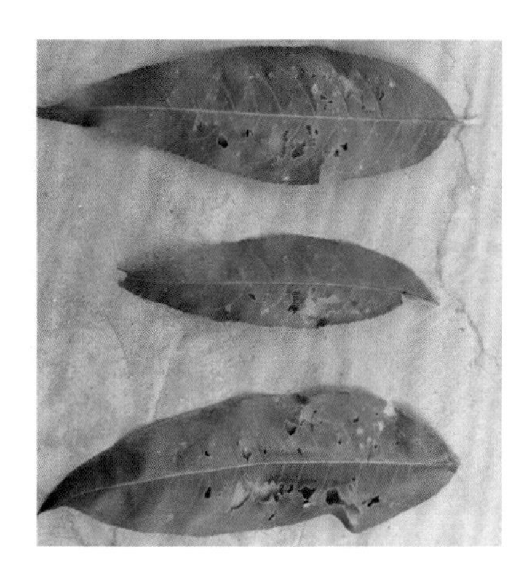

答：徐筠　高级农艺师　北京市农林科学院植物保护环境保护研究所

从图片看，桃叶上的虫眼可能是绿盲蝽为害的。

绿盲蝽以成虫和若虫刺吸为害嫩叶和幼果。幼叶受害，被害处形成红褐色、针尖大小的坏死点，随叶片的伸展，小斑点逐渐变为不规则的孔洞，俗称“破叶疯”。桃树谢花后，在花萼还未脱掉前，绿盲蝽靠近花萼刺吸果实汁液，随着果实增大，果面的坏死斑也变大，使果实失去经济价值。

绿盲蝽每年发生4~5代，以卵在桃树、苹果、海棠等果树的断枝上以及果园边的蓖麻残茬内越冬。每年4月上中旬温度达20℃以上、相对湿度在60%以上时，越冬卵孵化为若虫。

防治措施

（1）清除果园内外杂草，消灭虫源。

（2）化学防治的关键时期是绿盲蝽的低龄若虫期。桃树展叶后，发现若虫为害立即喷药防治。10%吡虫啉可湿性粉剂1 000倍液对越冬卵孵化的第1代绿盲蝽防治效果好，5%锐劲特乳油1 000倍液、25克/升联苯菊酯乳油1 000倍液对第2代绿盲蝽防治效果好。

31 问：桃树上白色的虫子是什么虫？怎么防治？

北京市　网友“海阔天空”

答：徐筠　高级农艺师　北京市农林科学院植物保护环境保护研究所

从图片看，该虫是桃树桑白介壳虫，此虫以成、若虫群集在枝干表面吸食汁液，重则造成枝干枯死，轻则树势衰弱，影响产量和品质。

防治措施

（1）冬季做好修剪清园，以减轻翌年虫口密度。

（2）枝干涂抹法防治。洗衣粉 1 份，水 5 份充分搅拌，均匀地涂抹在被害树干上；煤油 5 份、洗衣粉 1 份、水 30 份充分搅拌，均匀地涂抹在被害树干上；粗柴油 5 份、洗衣粉 1 份、水 30 份充分搅拌，均匀地涂抹在被害树干上。

（3）药剂防治。掌握在 1 代幼蚧出孵盛期及时进行防治（北京地区在洋槐树花期防治）。选用专一杀蚧壳虫的药剂，40% 速蚧克或速扑杀 1 200 倍液等。

32

问：桃果得的是什么病？怎么防治？

山西省　网友“山西临汾（lshh）”

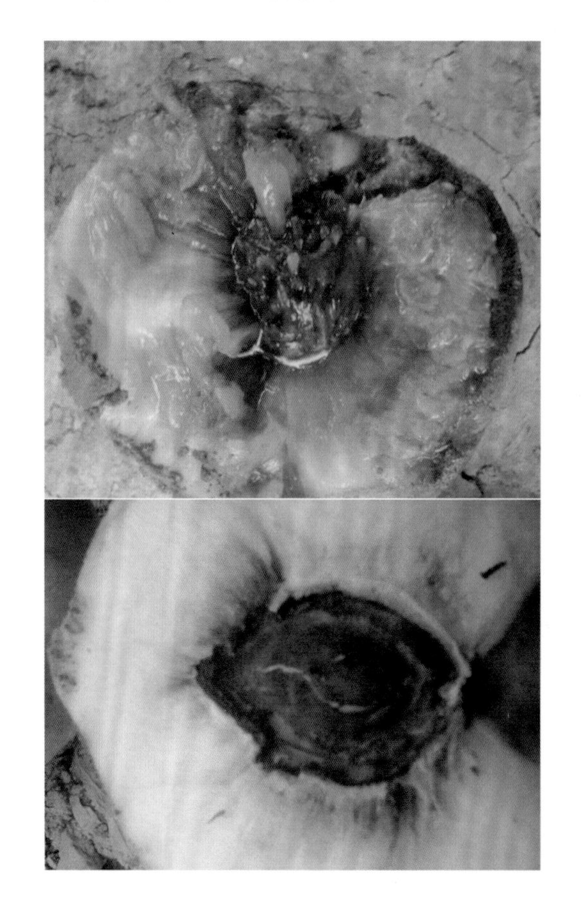

答：徐筠　高级农艺师　北京市农林科学院植物保护环境保护研究所

从图上看，桃烂果是桃褐腐病，又称果腐病。华东、华中桃产区发生严重，北方雨季年份发病严重，可造成较大损失。

防治措施

随时清除树上、地下的僵果、病果，结合冬剪将病枝剪除；搞好果园排水，做好夏剪、冬剪，改善果园通风透光条件；防治食心虫、蝽象、卷叶虫等造成伤口的害虫；桃树发芽前全树喷波美 5 度石硫合剂，铲除树体上的病菌。

华东、华中桃产区防治重点时期为花期和果实成熟期；北方果园只在春夏多雨年份和低洼潮湿历年病重桃园喷药。花前、花后各喷一次 10% 世高 2 000 倍 +1.5% 多抗霉素 500 倍、25% 阿米西达 3 000 倍、50% 速克灵可湿性粉 1 000 倍或 75% 百菌清 800 倍液。成熟期解袋后立即喷洒 25% 阿米西达 1 000~1 500 倍液。药剂交替使用。

从图上看，桃核开裂长真菌可能是离核品种，核与果肉维管束过早脱离，与空气接触又已无活力，由此造成真菌侵染。

防治措施：花后立即喷 1.5% 多抗霉素 300~500 倍，隔 15 天再喷 1 次，雨季再喷 1~2 次。药剂交替使用。

33 问：桃是什么虫子吃的？怎么防治？

北京市密云区　齐女士

答：徐筠　高级农艺师　北京市农林科学院植物保护与环境保护研究所

从图上看，桃子应该是苹小卷叶蛾幼虫啃的。

防治方法

在开花前、开花后各喷一遍杀虫剂，选择灭幼脲3号2 000倍，可控制全年为害，现在打药为时已晚，人工摘除卷叶即可。

34 问：桃果仁坏死，大量落果是什么原因？

北京市平谷区　康女士

答：徐筠　高级农艺师　北京市农林科学院植物保护与环境保护研究所

从图片看，桃果仁坏死是梨小食心虫为害。梨小食心虫，又名桃折梢虫，简称梨小。看到新桃枝梢折断就是梨小第一代发生期，一年发生3~4代。梨小食心虫前期主要蛀食桃新梢，后期蛀食桃、杏、李、梨等果实。

防治措施

（1）避免桃、梨混栽。

（2）5—6月在桃园，每天要人工剪除被害桃梢。

（3）用梨小食心虫的性外激素诱芯测报，及时发现桃梢被害折断和成虫发生的高峰期，喷布25%的灭幼脲三号1 500倍液、45%的高效氯氰菊酯乳油2 500倍液和48%的乐斯苯乳油1 500倍液等。

35 问：草莓老叶子叶脉的间隔发生失绿，是病害还是缺素症？

北京市平谷区　康先生

答：陈春秀　研究员　北京市农林科学院蔬菜研究中心

从图片判断，草莓是出现了缺铁症状。造成的原因如下。

（1）土壤板结，由于土壤团粒状况差，造成土壤中的铁元素难以被吸收。

（2）底肥有机质含量低，土壤总体瘠薄，不利于微量元素吸收。

（3）土温低，草莓根系活动弱，吸收功能差，造成缺铁症状。

解决措施

（1）改善土壤状况，整地时不要把土壤压得过实，有条件的要进行松土。

（2）底肥除了使用鸡粪、复合肥之外，要注意多施些牛粪，增加土壤的通透性。

（3）定期补充含微量元素的叶面肥，提高微量元素的供给。

（4）发现草莓出现缺铁症状后，每周打一次螯合铁，连续喷 3 次，可有效缓解缺铁症状。

36 问：温室草莓花怎么了？

河北省　网友“瑞丰祥草莓采摘”

答：鲁韧强　研究员　北京市农林科学院林业果树研究所

从图片看，草莓花朵的雌蕊萎蔫。可能是连阴天使棚内温度低、湿度大，蜜蜂不出巢采粉，使花的雌蕊不能及时授粉受精而枯萎。这样的花都不能坐果了。

37 问：草莓叶片发黄是怎么回事?

河北省　网友“(冀)承德～脱缰的野马”

答：鲁韧强　研究员　北京市农林科学院林业果树研究所

从图片看，草莓叶片发黄主要是缺铁症。同时，还看到些小叶，伴有缺锌症。可喷含铁、锌的氨基酸叶面肥矫正。

38

问：草莓花朵萼片干边，新叶发黄是怎么回事？

北京市通州区　网友“冰冷外衣”

答：鲁韧强　研究员　北京市农林科学院林业果树研究所

从图片看，花朵萼片干边是缺钙的症状，新叶发黄属于缺铁的症状，建议喷施钙铁锌肥进行矫正。

39 问：草莓能去老叶了吗?

河北省　网友"承德～脱缰的野马"

答：鲁韧强　研究员　北京市农林科学院林业果树研究所

从图片看，还没有老叶可去。一般讲，草莓在定植缓苗后，一些定植苗上的老叶明显衰退，将老叶去除促进新叶的生长。现在苗的成叶还没有衰老或过密，可先不去。但在照片上看到有幼叶有缺铁黄化现象，老叶片有缺钾干边现象，需注意根外补肥。

40

问：草莓叶片由叶缘向中心焦枯是怎么回事?

河南省　网友“园艺小生”

答：鲁韧强　研究员　北京市农林科学院林业果树研究所

从图片看，草莓是缺钾。

缺钾症状：易出现灼叶现象，由叶缘向中心焦枯或叶缘向里卷曲，同时，发生褐色斑点坏死，老叶先有症状。

补救措施

结合秋施基肥或生长季追肥时，增加硫酸钾的施用量，每 667 平方米土施 3~5 千克。提倡在生长季叶面喷施 2% 草木灰浸出液或 0.3% 磷酸二氢钾。

41 问：草莓叶片干边是怎么回事？

河南省　网友“小马种植”

答：徐筠　高级农艺师　北京市农林科学院植物保护环境保护研究所

从图片看，草莓是缺钙。

防治措施

（1）施用钙肥，酸性土壤缺钙可施用石灰；中性、石灰性土壤缺钙可叶面喷 0.3%~0.5% 氯化钙或硝酸钙溶液，连喷数次，间隔 10 天。

（2）控制化肥使用量，因为大量施用氮、钾肥会增加土壤中盐类浓度，从而抑制作物对钙的吸收。

（3）防止土壤干燥，应及时灌溉。

42

问：草莓花蕾干尖是怎么回事？现在出花蕾了用冲肥吗？

河北省　网友"（冀）承德～脱缰的野马"

答：鲁韧强　研究员　北京市农林科学院林业果树研究所

从图片看，草莓幼花蕾萼片干尖或出现心叶干，是缺钙的表现。一般草莓栽前施有机肥较多，在第一茬果前不会缺肥，但因施用的肥料元素不平衡会产生拮抗作用，磷多会拮抗铁元素，氮、钾多会拮抗钙和镁。你可结合喷药加螯合的微量元素进行补充。冲肥可冲微量元素肥。

43

问：草莓叶片脉间失绿，缺什么元素?

江苏省　刘先生

答：鲁韧强　研究员　北京市农林科学院林业果树研究所

从图片看，草莓叶片脉间失绿是老叶的叶间失绿，属于缺镁症状。

44 问：草莓新叶发黄是怎么回事？

河北省张家口市　网友“瑞丰祥草莓采摘”

答：张宝海　研究员　北京市农林科学院蔬菜研究中心

从图片看，草莓新叶发黄是土壤偏碱引起植株缺铁。造成新叶发黄，使用像圣诞树、宝利丰等速溶肥料，不但含有螯合铁，而且溶液偏酸，千分之一的溶液浓度浇灌试试；用酵素、食醋或有机肥液等酸性液浇灌也可以。食醋稀释 5~10 倍，最好测下稀释后 pH 值到 6 左右比较合适，用 pH 值试纸测即可。您的草莓应该到结果后期了，如果不严重的话就不要采取措施了，明年在整地时多施一些有机肥，草莓喜欢有机质丰富、疏松的土壤，对盐分比较敏感，秸秆堆肥、牛粪、羊粪可以多施，鸡粪是精肥，要少施，离主根要远。

45 问：草莓上有一层白白的粉是怎么回事？

河南省　网友“我爱你、不是说说而已”

答：陈春秀　推广研究员　北京市农林科学院蔬菜研究中心

　　李明远　研究员　北京市农林科学院植物保护环境保护研究所

从图片看，草莓上有一层白白的粉是草莓白粉病。

防治措施

（1）注意棚室内的湿度，高湿或通透性差易得白粉病。

（2）及时清除病残。清除时带个食品袋，将病叶、病果采下来及时装入带内。

（3）药剂防治。关键是要注意病菌抗药性的问题。即用药时用复配剂。例如，在使用氟硅唑防治时，加上百菌清或代森锰锌，有利于延缓抗药性的产生。

46 问：草莓叶片变褐是什么病？怎么防治？

河南省　网友“园艺小生”

答：徐筠　高级农艺师　北京市农林科学院植物保护环境保护研究所

从图片看，初步判断草莓叶片变褐为草莓褐斑病。此病是偏低温、高湿病害，春秋季多阴湿天气有利于该病发生和传播，在花期前后和花芽形成期是发病高峰期。一般均温 17℃开始发病。温暖高湿，时晴时雨有利于该病害发生。另外，在保护地栽培和低温多湿、偏施氮肥、苗弱光差的条件下发病重。

防治措施

（1）农业防治。加强栽培管理，注意植株通风透光，不要单施速效氮肥，适度灌水，促使植株生长健壮。平衡施肥，合理密植，及时摘除老叶、病叶，集中销毁。在保护地如遇低温必须采取加温措施。保证植株最适宜的生长温度 20~25℃。

（2）药剂防治。移植前清除种苗病叶及重病株，并用 70% 甲基托布津可湿性粉剂 500 倍液浸苗 15~20 分钟，待药液干后移栽。一般在现蕾开花期用 25% 多菌灵可湿性粉剂 300 倍液；50% 克菌丹；50% 速克灵可湿性粉剂 800 倍液；75% 百菌清可湿性粉剂 500~700 倍液；70% 甲基托布津可湿性粉剂 800~1 000 倍液充分喷洒，5~7 天 1 次，一般喷 2~3 次效果较好。

47 问：草莓苗得了什么病？如何防治？

河南省 网友“小马种植”

答：徐筠 高级农艺师 北京市农林科学院植物保护环境保护研究所

鲁韧强 研究员 北京市农林科学院林业果树研究所

从图片看，草莓苗是草莓炭疽病。炭疽病是土传病害，苗木带毒。

防治措施

（1）选用抗病品种。

（2）育苗地要进行严格的土壤消毒，尽可能实施轮作，控制苗

地繁育密度。

（3）发病初期及时摘除病叶、病茎。

（4）增施有机肥和磷钾肥，氮肥适量。

（5）药剂防治。繁苗期、移栽扣棚前、采果后使用68.75%杜邦易保800~1 000倍或80%大生800倍液。据试验，杜邦易保对草莓炭疽病的预防效果很好。苗期可用50%咪鲜胺可湿性粉剂700倍液；75%百菌清可湿性粉剂600倍液；80%大生M~45可湿性粉剂700倍液，连续喷2~3次，中间间隔7天。

48 问：草莓得了什么病？如何防治？

北京市平谷区　康先生

答：陈春秀　推广研究员　北京市农林科学院蔬菜研究中心

从图片看，此症状可能是草莓白粉病初期，可以用硫黄熏。你可以把叶片摘下来，放在塑料袋内 24~25℃温度下保湿，24 小时后，看看有没有霉层，如黑霉就是霜霉病，白霉就是白粉病。如果没有，就是细菌性角斑病。

49 问：草莓叶片背面是什么病？有没有特效药？

北京市通州区　网友“冰冷外衣”

答：李明远　研究员　北京市农林科学院植物保护与环境保护研究所

从图片看，此症状是草莓白粉病。如果是使用的卡拉生，应当是当前最好的农药了。但是这类农药较易产生抗药性，如果单一的、反复的使用，防治效果会下降。所以在使用这种农药的时候，最好与保护剂混用。例如，和代森锰锌、百菌清、硫悬浮剂混用。此外，也可以换用其他的农药试试。即将卡拉生停掉，改用三唑酮、世高、丙环唑与保护剂混用。有可能比用卡拉生加保护剂，防治的效果要好。

50 问：移栽的葡萄新梢不长是怎么回事?

广西壮族自治区　网友“暮寒花开，尽是相思”

答：鲁韧强　研究员　北京市农林科学院林业果树研究所

从图片看，葡萄苗新梢不长的主要原因如下。

（1）葡萄苗定植前有些失水。

（2）定植时未定干修剪，一般应留 3~4 芽剪截。

（3）下部芽先萌发新梢截留了营养和水分。在这种情况下保留下部新梢，将其上部刚发芽的老蔓剪除，促下部新梢生长并尽早木质化，否则，越冬困难。不能木质化的新梢，明年生长也会很弱。

51

问：葡萄叶片干焦是怎么回事?

湖北省　网友“清江果园”

答：鲁韧强　研究员　北京市农林科学院林业果树研究所

从图片看，叶片干焦属日灼的症状。在高温干旱的季节，正午或午后强烈阳光直射部位叶片，会因叶片温度过高而灼伤，一般发生在植株南侧或西南侧的老叶片上。

52 问：葡萄叶片和茎上有褐色的斑点是什么病？怎么防治？

广东省　网友“小许”

答：徐筠　高级农艺师　北京市农林科学院植物保护环境保护研究所

从图片看，葡萄叶片和茎上有褐色斑点是葡萄黑痘病。

葡萄黑痘病是由真菌引起的病害，是葡萄种植上的一种严重病害，可为害果实、果柄、叶片、叶柄、新梢和卷须。分生孢子借风雨传播，最初受害的是新梢及幼叶，以后侵染果、卷须等。孢子侵入后潜育期为 6~12 天。该病一般在 5 月下旬至 6 月初温度升高后

开始发病,发病盛期在6月中旬至7月上旬,10月以后病害停止发展。嫩叶、幼果、嫩梢等最易染病。停止生长的叶片及着色果实抗病力增强，偏施氮肥、新梢生长不充实、秋芽发育旺盛的植株及果园土质黏重、地下水位高、湿度大、通风透光差的均发病较重。

防治方法

（1）苗木消毒。常用苗木消毒剂有：3%~5%硫酸铜液、硫酸亚铁硫酸液（10%的硫酸亚铁+1%的粗硫酸）、3°~5°的石硫合剂等。浸泡3分钟，取出即可定植或育苗。

（2）彻底清园。冬季修剪时，剪除病枝梢及残存病果，刮除病、老树皮，彻底清除果园内枯枝、落叶、烂果等，集中烧毁。

（3）选用抗病品种。不同品种对黑痘病抗性差异明显，葡萄园定植前应考虑当地生产条件、技术水平，选择适合当地种植，具有较高商品价值，且较抗病品种。

（4）加强管理。葡萄园在定植前及每年采收后，都要开沟施足优质有机肥；追肥应该使用含氮、磷、钾及微量元素的全肥，避免单独、过量施用氮肥，雨后排水，防止果园积水。

（5）喷药防治。萌发前要喷洒3°~5°的石硫合剂，或用1°的石硫合剂加0.3%~0.5%的五氯酚钠。在葡萄生长期，自展叶开始至果实1/3成熟为止，每隔15~20天喷药1次，药剂可选用50%多菌灵可湿性粉剂1 000倍液、80%代森锌可湿性粉剂600倍液、75%百菌清750倍液、福星7 500倍液或腈菌唑1 500倍液防治，交替喷药2~3次。

（6）喷保护剂。花前和6月底至8月底可以喷1∶0.5∶240波尔多液2~3次，注意晴天喷，间隔15~20天。

53

问：葡萄霜霉病症状是什么？这是葡萄霜霉病吗？
河南省　网友“林大夫”

答：徐筠　高级农艺师　北京市农林科学院植物保护环境保护研究所

葡萄霜霉病叶片受害，叶面最初呈现油渍状小斑点，扩大后为黄褐色，环境潮湿时病斑背面产生一层白色霉状物，即病原菌的孢子囊梗和孢子囊；嫩梢、穗轴、叶柄发病后，油渍状病斑很快变成黄褐色凹陷，潮湿时病部也产生稀少的白色霉层，病梢停止生长、扭曲，甚至枯死；幼果感病，最初果面变灰绿色，上面布满白色霉层，后期病果呈褐色并干枯脱落。

葡萄霜霉病和葡萄白粉病最大的区别是霜霉病病菌感染叶片后叶脉还清晰可见。

从图片看，此症状是葡萄霜霉病。

54 问：葡萄叶片变黄、变干是什么病？怎么防治？

北京市通州区　网友“bcp3”

答：徐筠　高级农艺师　北京市农林科学院植物保护环境保护研究所

从图片看，葡萄叶片变黄、变干可能为葡萄灰霉病。

防治方法

（1）剪净病枝蔓、病果穗及病卷须。

（2）清扫落叶。

（3）降低棚室内湿度，抑制病菌孢子萌发，减少侵染；铺地膜，阻挡土壤中的残留病菌向空气中散发，降低发病率。

（4）注意调节棚室内温湿度，白天使室内温度维持在32~35℃，空气湿度控制在75%左右，夜晚棚室内温度维持在10~15℃，空气湿度控制在85%以下，抑制病菌孢子萌发，减缓病菌生长，控制病害的发生与发展。

（5）果穗套袋，消除病菌对果穗的为害。

（6）夏季不要撤掉棚膜，可开大顶风口与底风口，以便防止病菌借雨水传播，诱发枝蔓、叶片发病。

（7）化学防治。每15~20天，喷1次240~200倍半量式波尔多液，保护好树体。并在两次波尔多液之间加喷高效、低残留、无毒或低毒杀菌剂。可选用以下农药交替使用：50%代森锰锌可湿性粉剂500倍液、80%喷克可湿性粉剂800倍液、80%甲基托布津可湿性粉剂1 000倍液、70%克露可湿性粉剂700~800倍液、75%百菌清可湿性粉剂600~800倍液、50%退菌特可湿性粉剂600~800倍液、80%炭疽福美可湿性粉剂600倍液、20%银果可湿性粉剂600倍液等。

55 问：葡萄茎上、叶片上有白色粉状物是什么病？怎么防治？

北京市大兴区　网友　曲先生

答：徐筠　高级农艺师　北京市农林科学院植物保护环境保护研究所

从图片看，葡萄茎上、叶片上有白色粉状物是葡萄霜霉病。北京地区6月中旬出现发病中心后，病菌侵染加剧，在3~4周内使全园叶片染病。

防治方法

一定要在发病中心期使用针对性强的、铲除作用好的药剂，每年喷2次，6月15日和7月15日前后各喷1次。可选择的杀菌剂有：72%克露可湿性粉剂750倍液；64%杀毒矾可湿性粉剂500倍液；53%金雷多米尔·锰锌500倍液；69%安克·锰锌800倍液；50%烯酰吗啉1 200倍液。注意药剂交替使用，其他时期防病可使用1∶0.7∶200倍式波尔多液、达科宁等。

56

问：葡萄果粒萎缩、变褐是什么病？怎么防治?
河北省　网友“爱”

答：徐筠　高级农艺师　北京市农林科学院植物保护环境保护研究所

从图片看，葡萄得了白腐病。白腐病是葡萄主要的病害之一，尤其在多雨年份常和炭疽病并发流行，为害极大。

防治方法

（1）做好果园清洁工作以减少菌源。

（2）改善架面，通风透光，及时整枝、打杈、摘心，尽量减少伤口，要提高果穗离地面的距离，对近地面 40 厘米内的果穗要进行吊绑或套袋。

（3）架下地面覆膜占地面的 60%，注意排水降低地面湿度，喷磷酸二氢钾等叶面肥和根施复合肥，增强树势，提高抗病力等一系列措施，都可抑制病害的发生和流行。

（4）加强药剂防治。在葡萄芽膨大而未发芽前喷波美 3°~5° 石硫合剂或 45% 晶体石硫合剂 40~50 倍液。花前开始至采摘前，每 15~20 天喷 1 次药，用 1 : 0.5 : 200 的波尔多液和百菌清 600 倍液交替使用进行防治。施药必须要注意质量，要做到穗穗打到，粒粒着药。

57 问：葡萄得了什么病？怎么防治？

北京市通州区　网友"bcp3"

答：徐筠　高级农艺师　北京市农林科学院植物保护环境保护研究所

从图片看，此症状是葡萄茶黄螨（侧多食跗线螨）为害所致。茶黄螨生长繁殖的最适温度为22~28℃，相对湿度为80%~90%。高温对其繁殖不利，当气温达34~35℃，持续2~3小时后，若螨死亡

率可达 80%，成螨死亡率高达 60% 以上。

防治措施

（1）清除果园及周边杂草，压低雌螨数量。

（2）春天葡萄冬芽膨大成绒球时，喷 1 次 1 波美度的石硫合剂。

（3）控制温湿度。温室可利用茶黄螨生长发育对温湿度的要求，结合田间管理，进行大温差防治。将白天棚温升高至 34~35℃，控制 2~3 小时，夜间降低温度至 11~12℃，加强通风，降低棚室内湿度。

（4）药剂防治。首选生物和矿物源农药，10% 浏阳霉素乳油 500 倍液；1.8% 阿维菌素乳油 3 000 倍液；2.5% 羊金花生物碱水剂 500 倍液；45% 硫黄胶悬剂 300 倍液；99% 机油（矿物油）乳剂 200~300 倍液。其次选择高效低毒杀螨剂：5% 噻螨酮（尼索朗）乳油 1 500~2 000 倍液；或用 73% 炔螨特（克螨特）乳油 2 000 倍液；25% 苯丁锡（托克尔）可湿性粉剂 1 000~1 500 倍液；25% 三唑锡（倍乐霸）可湿性粉剂 1 000~1 500 倍液。在点片发生阶段防治 1~2 次，每次间隔 7~10 天。另外在杀螨剂中加有机硅表面活性剂可提高药效，注意药剂交替使用。

58 问：枣树叶片脉间失绿，怎么回事？

山西省　罗先生

答：徐筠　高级农艺师　北京市农林科学院植物保护环境保护研究所

从图片看，枣树叶片脉间失绿，应为枣树缺锰症。

防治措施

（1）土壤施用有机肥或施用硫酸锰和有机肥的混合物，土施硫酸锰每亩 2 千克。

（2）叶面喷施 0.2%~0.3% 硫酸锰水溶液 3~5 次。

59 问：枣树小叶簇生是什么病？如何防治？

北京市大兴区　网友“旭日东升”

答：徐筠　高级农艺师　北京市农林科学院植物保护环境保护研究所

从图片看，枣树小叶簇生是枣疯病，又称丛枝病和公枣树，是植原体病害，主要通过传病昆虫叶蝉和嫁接传病方式传播，以枝、花不能正常生长发育而成丛状为主要特点。目前，对枣疯病严重的病树还没有特效防治方法。

防治方法

（1）选用枣树抗病品种。

（2）严格检疫，选用无病砧木或接穗。苗圃中一旦发现病苗，立即拔除烧毁，刨净根部。

（3）及时防治媒介昆虫，防止媒介昆虫传病。

防治中国拟菱纹叶蝉：4 月下旬枣树发芽时，5 月中旬枣树开花前用 10%氯氰菊酯乳油 3 000~5 000 倍液喷雾防治其越冬卵及若虫；6 月下旬枣树盛花期后，用 10%吡虫啉 2 000~3 000 倍液喷雾防治其成虫。

防治凹缘菱纹叶蝉：枣园中防治该虫的最佳时间为 6 月中旬、7 月中旬和 8 月下旬。20%灭扫利乳油 6 000 倍液、10%吡虫啉 2 000~3 000 倍液、50%的西维因可湿性粉剂 800 倍液等交替使用。

（4）刨除严重病树，防止传染。

（5）加强枣园管理，立秋后增施有机肥，并适当增施碱性肥料，提高土壤的有机质含量，维持强健树势，提高树体的抗病能力。若土壤呈酸性，可适量施入石灰。

（6）盐碱地较适宜种枣，不适宜种枣的地区可考虑改种核桃、苹果、梨、桃等其他果树。

60 问：山楂弱树如何复壮？

北京市海淀区　马先生

答：鲁韧强　研究员　北京市农林科学院林业果树研究所

从图片看，山植树已变成小老树。树老是老在根上，也就是说树的新根很少，对肥水吸收少，致使树上发不出长梢，没有长梢制造的营养，运给根的营养就少，新根生长量也少，这样就会形成恶性循环，使树势很难恢复。

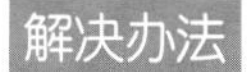

解决办法

（1）秋季在树冠投影内侧20厘米处挖一个宽40厘米、深60厘米的环状沟，施入50千克有机肥与表土混合填埋后，灌足水。

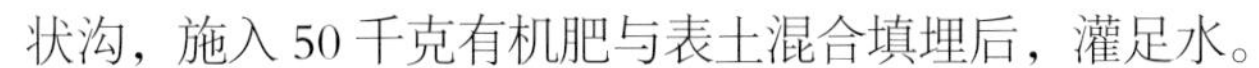

（2）冬季修剪时对中枝以上的枝多剪截。

（3）花期时疏掉树冠外围延长枝附近的花。

（4）4月底追施速效氮肥。这样把促发新根、新梢与减轻负载结合起来做，就可以较快恢复树势。

61 问：樱桃树叶片发黄有斑点是怎么回事？

北京市海淀区　栗女士

答：徐筠　高级农艺师　北京市农林科学院植物保护环境保护研究所

从图片看，（1）樱桃叶片的斑点是褐斑病。（2）新叶叶间失绿、叶脉较粗是缺锰。

防治措施

加强水肥管理，增强树势，提高树体的抗病能力，冬季修剪后彻底清除果园病枝和落叶，集中深埋或烧毁，以减少越冬病源；植株萌芽前喷波美 5 度的石硫合剂。花后 7~10 天，叶面喷 70% 代森锰锌 600 倍液；70% 百菌清 800 倍液；1.5% 多抗霉素 300~500 倍。隔 15 天再喷 1 次。7—8 月雨季可再喷 2 次。

樱桃树缺锰：在秋施基肥时，除多施有机肥外，还应混施锰肥，土施硫酸锰每亩 2 千克；在展叶后结合病虫害防治叶面喷施 2~3 次硫酸锰 300~500 倍液，中间间隔 15 天。

62 问：樱桃树出现这种症状是怎么回事？

内蒙古自治区　网友“勤儿”

答：徐筠　高级农艺师　北京市农林科学院植物保护环境保护研究所

从图片看，（1）老叶的褐斑是黑斑病；（2）新叶黄是缺铁症；（3）引起干叶是叶螨为害所致。

63 问：5 年生的樱桃树出现黄叶、落叶是怎么回事？

北京市通州区　网友“郭一种植”

答：徐筠　高级农艺师　北京市农林科学院植物保护与环境保护研究所

从图片看，樱桃树出现黄叶、落叶可能是樱桃树褐斑病。

防治方法

（1）加强栽培管理，增强树势，提高树体抗病力。

（2）加强修剪，注意通风透光。

（3）清洁果园，扫除落叶，消灭越冬病原。

（4）药剂防治。可选择 3% 多抗霉素水剂 300~500 倍液，10%多氧霉素 1 000~1 500 倍液，4% 农抗 120 果树专用型 600~800 倍液，5%扑海因可湿性粉剂 1 000 倍液。以多抗霉素为主，其他药交替使用。把防治春梢叶片病害作为防治重点。最佳喷药时期：第一次在落花后立即喷，第二次在 5 月 15—20 日喷。第三次在秋梢生长初期的 6 月底至 7 月初。

64

问：西梅裂果是怎么回事？

河北省　张先生

答：鲁韧强　研究员　北京市农林科学院林业果树研究所

从图片看，你说的西梅属欧洲李，裂果主要是水分问题。

如果果实膨大前土壤干旱缺水，就会使果皮老化，延展性降低；在果实膨大期遇雨使果实迅速膨大，而果皮延展不能适应吸水膨胀的程度，导致裂果。

可以采用树下起垄覆盖地膜，防止雨水过多渗入土壤，减少树体和果实对水分吸收，可较好防止裂果。防止裂果的完美方法就是搞避雨栽培。

65 问：李子上有黑点是什么病？怎么防治？

湖北省　网友“清江果园”

答：徐筠　高级农艺师　北京市农林科学院植物保护环境保护研究所

从图片看，李子上出现黑点可能为李红点病。

防治措施

（1）加强果园管理，彻底清除病叶、病果，集中烧毁或深埋。清洁果园，减少侵染来源，并注意排水，避免果园土壤湿度过大。

（2）药剂防治。在李树花后及叶芽萌发期，全株喷洒 70% 甲基托布津 800 倍液，或 70% 代森锰锌 800 倍液 1~2 遍，间隔 15 天。

66 问：李子树出现这种症状是什么病？怎么防治？

北京市大兴区　网友“苍鹰”

答：徐筠　高级农艺师　北京市农林科学院植物保护环境保护研究所

从图片看，该症状可能为李子斑点落叶病。北方果区 5 月中、下旬开始发病，7—8 月为发病盛期。一般在秋季发病较多，高温、高湿、降水多而早的年份发病早且重。

防治措施

把春梢叶片病害作为防治重点。

（1）农业防治。及时中耕锄草，疏除过密枝条，增强通风透光。落叶后清洁果园，扫除落叶。

（2）药剂防治。重点保护春梢叶，秋梢叶片只需在生长初期控制。可选择 3% 多抗霉素水剂 300~500 倍液，10% 多氧霉素 1 000~1 500 倍液，4% 农抗 120 果树专用型 600~800 倍液，5% 扑海因可湿性粉剂 1 000 倍液。以多抗霉素为主，其他药交替使用。最佳喷药时期：第一次落花后立即喷药，第二次在 5 月中旬，第三次在秋梢生长初期的 6 月底或 7 月初。

67 问：核桃树叶片是缺少什么元素？

甘肃省　网友“蓝天”

答：徐筠　高级农艺师　北京市农林科学院植物保护环境保护研究所

从图片看，此症状为核桃树缺钾。

缺钾症状：易出现叶缘向中心焦枯或叶缘向里卷曲现象，同时，发生褐色斑点坏死，老叶先有症状。

补救措施：结合秋施基肥或生长季追肥时，增加硫酸钾的施用量，每亩土施3~5千克。提倡在生长季叶面喷施2%草木灰浸出液或0.3%磷酸二氢钾。

68 问：核桃树干暗灰色，水渍状；核桃上有黑点、落果是怎么回事？

北京市密云区　网友赵女士

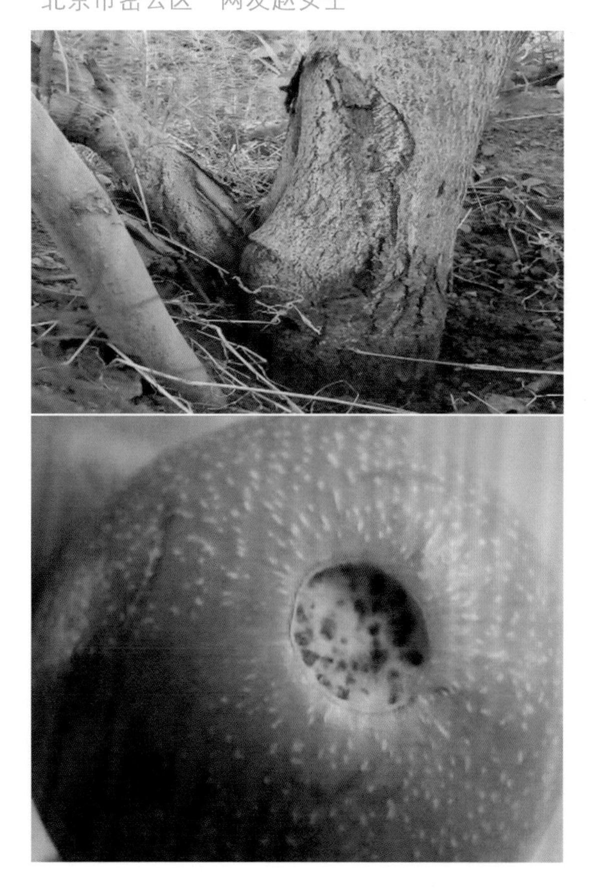

答：徐筠　高级农艺师　北京市农林科学院植物保护环境保护研究所

从图片看，核桃树干是核桃腐烂病，导致水向上输送发生了问题，树叶的渗透压高于果实，因此，导致果实失水脱落。

69 问：柿子树刚萌芽，嫁接的早吗？能不能成活？

安徽省　网友“玉米”

答：鲁韧强　研究员　北京市农林科学院林业果树研究所

从柿子苗嫁接图片看，嫁接的方法还可以，但还是稍早些，嫁接削面易伤流氧化形成隔层，使砧木与接穗接口愈合困难，降低成活率。若无伤流，则易成活。

70 问：栗子树空蓬是怎么回事？

北京市密云区　网友“栗子”

答：鲁韧强　研究员　北京市农林科学院林业果树研究所

从图片看，栗树是缺硼，缺硼即造成空蓬，同时，表现梢头幼叶上卷的症状。

71

问：百香果怎么修剪?

浙江省　网友“克隆小猪猪！”

答：鲁韧强　研究员　北京市农林科学院林业果树研究所

百香果是多年生常绿藤本果树，其结果习性类似葡萄。其棚架式树形要看株行距，架面上约2米留1条主蔓，向行间伸展。主蔓上分生侧蔓结果。冬季修剪时将主蔓上的侧蔓留2~3叶片剪截，待翌年再发生侧蔓结果。如此每年对主蔓上的侧蔓往复更新修剪，促发新蔓结果。

72 问：猕猴桃叶片干边是怎么回事?

河北省　网友“奔跑一光年”

答：鲁韧强　研究员　北京市农林科学院林业果树研究所

从图片看，猕猴桃叶片是缺镁引起的干边。猕猴桃喜酸性土壤，种植园若偏碱性，其生长会很艰难，容易表现黄叶和干叶的现象，生长势弱且越冬困难。

73 问：4 月移栽的橘子叶片全掉光了，2 个月前打过百草枯是怎么回事?

广西壮族自治区 网友“暮寒花开，尽是相思”

答：徐筠 高级农艺师 北京市农林科学院植物保护环境保护研究所

（1）可能是涝害或者是病害引起的落叶。假如只是涝害引起的落叶，枝条会萎蔫。可采取中耕松土方法，另外，可在 8 月下旬至 9 月上旬开沟增施有机肥，如腐熟的人粪尿、牲畜粪堆肥、饼肥等。

（2）可能是打百草枯喷头没有戴防护罩，百草枯药液飘到了绿叶上，造成落叶。百草枯是一种快速灭生性除草剂，具有触杀作用和一定内吸作用。能迅速被植物绿色组织吸收，使其枯死，对非绿色组织没有作用，在土壤中迅速与土壤结合而钝化，对植物根部及多年生地下茎及宿根无效。所以，喷百草枯一定在喷头上戴防护罩严禁药液飘移到绿色叶子部分。如用百草枯一定在杂草 10 厘米高时，无风、晴天喷。

74 问：砂糖橘缺少什么元素？

河南省　网友“园艺小生”

答：徐筠　高级农艺师　北京市农林科学院植物保护环境保护研究所

从图片看，砂糖橘是缺铁。铁在果树体中的流动性很小，老叶子中的铁不能向新生组织中转移，因而它不能被再度利用。因此缺铁时，下部叶片常能保持绿色，而嫩叶上呈现失绿症。

缺铁矫治方法：果树缺铁不完全是因为土壤中铁含量不足。由于土壤结构不良也限制了根系对铁的吸收利用。因此在矫治缺铁时首先要增施有机肥来改良土壤，以提高土壤中铁的可利用性。在秋施基肥的同时，每株施入硫酸亚铁 0.5 千克，掺入畜粪 20 千克，叶面喷施 0.3% 硫酸亚铁水溶液或螯合铁（柠檬酸铁）水溶液，每间隔半个月喷施 1 次，共喷施 3~4 次，效果较好。

75

问：葛根上有黄点是怎么回事？
广东省 网友“放开那个女孩”

答：徐筠 高级农艺师 北京市农林科学院植物保护环境保护研究所

从图片看，葛根上有黄点，是病害。试试杀菌剂多菌灵，喷施或灌根。

76 问：这是什么虫？怎么防治？

北京市丰台区　网友“不倒翁”

答：徐筠　高级农艺师　北京市农林科学院植物保护环境保护研究所

从图片看，应为红蜡蚧壳虫，红蜡蚧寄主范围广，是我国园林植物的主要害虫之一。

防治措施

（1）严格开展植物检疫。

（2）加强植物水肥、栽培管理，注意及时清园、合理修剪，保持树体通风透光。

（3）利用和保护天敌，防治红蜡蚧，不打高毒、残效期长、广谱性杀虫剂。

（4）药剂防治。

适时防治：5 月下旬至 6 月上旬为越冬雌蚧产卵盛期，初孵幼虫的活动期和为害期是进行防治的最好时期和关键时期。此时的幼虫无蜡壳保护，对药物敏感，用药量少、效果好。

可选择杀蚧壳虫的药剂：40% 扑杀灭乳油 1 000 倍液、25% 蚧死净乳油 1 000 倍液、40% 速蚧克 1 000 倍液、40% 速扑蚧杀 1 000 倍液。另外，在药剂里加展着剂有机硅 3 000 倍，可大大提高药效。

三、花卉

01

问：兰花茎腐病如何防治?

北京市房山区　某先生

答：周涤　高级工程师（教授级）北京市农林科学院蔬菜研究中心

茎腐病又称枯萎病或凋萎病，目前认为，该病病原是半知菌亚

门尖胞镰刀菌与胡萝卜软腐欧文氏菌。近年来，该病的发病率高，对兰花的生产造成严重损失。一般长时间的高温、高湿环境可诱发该病。

生产中应以预防为主。保持养兰环境清洁，通风良好；上盆前兰花、兰盆和植料一定要消毒，植料要排水良好；避免兰株有伤口，特别应预防土壤中的虫咬伤假球茎造成感染，可在土壤中施杀虫剂；生产中病苗及所用的植材、盆具应丢弃并集中销毁。

植株染病初期，若及时采取措施，切除病斑，尚可保留植株，但因为叶面积的减少，势必会对开花造成影响；若发现不及时，错过防治最佳时期，加上该病病情发展非常迅速，病株治愈的可能性极低。可用杀菌剂防治，如72%农用硫酸链霉素可溶性粉剂800倍液、77%可杀得可湿性粉剂1 000倍液全株喷雾（包括叶背、叶面、头部）；45%咪鲜胺乳剂1 500倍 + 四环霉素粉剂2 000倍 +50%烯酰吗啉可湿性粉剂2 000倍液，全株喷雾（包括叶背、叶面、头部）；安泰生500倍 + 咪鲜胺1 500倍 + 硫酸链霉素500倍液，全株喷雾（包括叶背、叶面、头部）。有研究报道，80%乙蒜素乳油、20%细美叶枯唑可湿性粉剂、立复康50%氯溴异氰尿酸可溶性粉剂抑菌效果也较好。

02 问：兰花叶子焦尖是什么病？怎样防治?

广东省　网友“小许”

答：周涤　高级工程师（教授级）北京市农林科学院蔬菜研究中心

从照片观察，兰花叶片尾部干枯，叶片上分布着有大有小的黑斑。这种情况的出现有以下几种因素：生理性病害，如基质过湿或过干，环境湿热通风不良，浇灌水水质不良等；植株的根系受损；植株发生由真菌引起的炭疽病（叶斑病）等，都会造成兰花叶片呈现以上症状。应对照上述因素找找原因。

预防措施

对兰花栽培环境进行全面严格的消毒；高温高湿时应加强通风；通过调节适宜的光照，合理的施肥等管理措施提高兰株生长势，从而增加其抗病力；每月喷洒杀菌剂，高发季节每半个月喷洒一次。杀菌剂可选择多菌灵、百菌清等进行预防，发病时用甲基托布津和咪酰胺等。

03 问：盆栽山茶花，有些花朵没开就落了是怎么回事？
北京市密云区　赵女士

答：周涤　高级工程师（教授级）　北京市农林科学院蔬菜研究中心

山茶花在北京不能露地栽植，只能盆栽。如果在北方栽植，应在冷棚越冬。落蕾与环境不利或养分不平衡以及浇水等因素都有关。

成年山茶花要求充分光照，当冬季温度低于10℃，要预防冻害，并保证其休眠充足，如果过早抽芽展叶，消耗养分，则影响开花。山茶花宜用富含腐殖质且土层深厚的壤土，不耐贫瘠，尤其进入花期后应增施适量的过磷酸钙，并掌握少施勤施，宁少勿多的原则；土壤pH值应为5.5~6.5微酸性，若土壤为偏碱性时，影响养分的吸收，可导致其生理性缺铁，也会发生落蕾，同时，会出现生长缓慢，叶片黄化，甚至发生周期性枝端干枯现象。此外，开花期环境温度条件的剧烈变化也会落蕾。

04

问：茶花叶子枯萎是怎么回事?
北京市顺义区　石先生

答：周涤　高级工程师（教授级）　北京市农林科学院蔬菜研究中心

从照片上看，植株枝叶枯萎过，刚开始萌发新枝叶，说明根系完好。剪掉枯枝，同时，注意用偏酸性水浇灌，增加环境相对湿度，观察一段时间。春天气温回暖后，结合换土添加底肥，并混合 1/2 酸性的泥炭（酸性土壤条件对植株生长有利），调节温湿度环境，植株会慢慢恢复。

05

问：柠檬树上长满了黏黏的虫子，怎么防治?

北京市东城区　网友“alatu”

答：周涤　高级工程师（教授级）北京市农林科学院蔬菜研究中心

从图片看，害虫为圆盾疥，以成、若虫群集在枝干表面吸食汁液，严重时会造成枝干枯死。虫体背上有蜡质分泌物，使药剂难以进入虫体内，防治比较困难，一旦发生该病，不易根除。

从图片上看，成虫体非常密集。家庭防治该病不便使用农药，可以用煤油、洗涤灵 800 倍液或洗衣粉溶液（1 份洗衣粉兑水 10 份）擦洗叶片和枝干去掉虫体。土壤中也会存留虫体，建议换土。日常养护应加强通风。

06 问：柠檬叶片脱落是怎么回事?

北京市房山区　宇文女士

答：周涤　高级工程师（教授级）北京市农林科学院蔬菜研究中心

从图片看，柠檬植株叶片完全脱落，仔细观察枝条仍显绿色并未枯死，初步判断根系并未死亡。可能的原因：曾经过度缺水；环境温度过低或曾经受到冷害；环境空气干燥，长期相对湿度低于40%等。另外，长期浇灌中性或弱碱性水如自来水等，造成土壤的盐分积累，EC值升高，养分吸收受阻，造成植株生长势弱，再加上述几个可能的不利因素导致植株呈现图片中的情形。

应对措施

可通过换土改善土壤条件，土壤可用泥炭3份，园土1份混合，恢复阶段不建议施肥；对枝条做强力修剪，强枝弱剪，去除徒长枝、交叉枝；置于有散射光照，温度18~25℃，相对湿度大于50%的温暖湿润环境缓苗，当新叶萌发后开始正常施肥和有规律的浇水。

07 问：桂花缺什么元素？

陕西省　网友“C、c”

答：周涤　高级工程师（教授级）　北京市农林科学院蔬菜研究中心

从图片看，桂花植株长势弱，叶片枯黄，特别是老叶叶缘、叶尖呈红褐色，全叶干枯1/3~1/2，病害在越冬后的老叶和植株下部叶片发生较多，有可能是叶枯病。

防治措施

（1）增施腐殖质肥料和钾肥，以提高植株抗病力。病株要及时摘除病叶，冬季还应清除病落叶等。

（2）发病初期可喷1∶2∶100石灰倍量式波尔多液，若症状严重应喷50%苯来特可湿性粉剂1 000~1 500倍液或50%多菌灵800~1 000倍液进行防治。

（3）新叶颜色较浅，可能与缺肥或土壤偏碱性（桂花宜在酸性土壤中栽植）造成养分吸收障碍有关。7月以后，要施以含磷、钾为主的肥料，每隔10天施1次腐熟鸡、鸭粪的液肥，以促进花芽生长和多开花。花期内，应减少用肥量，改为半月施1次磷、钾液肥。开花后，植株养分消耗很大，为补充养分，可追施腐熟的有机液肥1次。

08 问：桂花叶子干尖怎么办?

北京市海淀区　杨女士

答：周涤　高级工程师（教授级）北京市农林科学院蔬菜研究中心

从照片看，叶片尖端出现变黄干枯的现象，初步判定为生理病害，一般有如下几个原因。

（1）空气干燥，叶片和植株蒸腾量大，根系供水不足。应及时浇水，增加环境空气湿度。

（2）强光直晒过度。应给植株适度遮阴。

（3）植株因干旱、积涝、过度缺肥或施肥过量造成根系损伤。施3‰的磷酸二氢钾，浇灌水应为微酸性（酸性土壤有利于养分的吸收）。

（4）盆土孔隙度过小即过细，根部缺氧，造成呼吸受阻。盆土中添加腐殖土，适当添加复合肥。

对照以上可能的原因查找一下。

09 问：富贵竹干叶，整体也变形了是怎么回事？

北京市房山区　宇文女士

答：周涤　高级工程师（教授级）　北京市农林科学院蔬菜研究中心

从图片看，大部分茎秆出现枯黄，有些枯黄程度严重，表面有皱缩的征兆，茎秆支撑能力降低，造成整体变形。推测根系也有受损，不能正常吸收养分。一般情况是由于浇水过多、过频引起烂根造成。

问：富贵竹叶子变黄了是怎么回事?
北京市大兴区　刘女士

答：周涤　高级工程师（教授级）　北京市农林科学院蔬菜研究中心

富贵竹喜湿润环境，温度 16~26℃比较合适，室内养护需要光照条件充足和通风良好。

造成黄叶有几种可能的因素。第一，长期缺少光照；第二，水质不良，自来水应放置 2 天再用；第三，北方冬季干燥，应远离取暖设备放置，并且经常用柔软的湿布擦拭叶片，保持叶表面干净，也增加了湿度；第四，缺肥会导致叶片变黄，应每月施观叶植物可溶性肥 1 次。另外，环境通风不良或空气混浊也会造成叶黄。

11 问：刚买了几天的竹子叶片发黄，是缺什么元素？该怎么办？

陕西省 网友"乘风破浪"

答：周涤 高级工程师（教授级） 北京市农林科学院蔬菜研究中心

从照片看，刚买几天的富贵竹有约一半叶片变黄，仔细分辨枝条基部还没有生根，可能与水质不良或枝条受到细菌侵染发生了烂根有关。

春季和秋季是富贵竹的生长旺盛期，建议在这两个季节购买，生根较快，并且环境温度、湿度等条件更适宜。若环境温度过低，光照不足容易造成黄叶发生。

首先，应检查植株是否有烂根或腐烂的情况，用手指掐竹秆，软的部分要剪去，切口为斜面，剪出来的切口是白色，并且手捏感到竹身是坚硬为好；剪好的枝条放在通风干爽的地方放置，等切口晾干再插入纯净水或凉开水，3~4 天换 1 次水。其次，应放在室内有光照的地方，并且通风良好，温度 20℃以上利于生根。

问：发财树叶子发黄是怎么了？

北京市房山区　宇文女士

答：周涤　高级工程师（教授级）北京市农林科学院蔬菜研究中心

从图片看，发财树的部分叶子都发生了黄化，发财树叶黄化主要是由浇水过多，过频和排水不良引起。第一，检查发财树的根系是否正常，正常根系为白色，自然伸展，而受损带病须根变褐色，没有生机。第二，发财树喜疏松土壤，要求排水性好，最好用泥炭土和沙土按2∶1混合。第三，浇水应见干见湿，不能频繁浇灌。另外，发财树虽喜光，但又不能暴晒，长期光照不足或暴晒可造成黄叶。

13 问：发财树的老叶这种情况严重，新长出的叶子又没事，这是怎么了？

北京市海淀区　张女士

答：周涤　高级工程师（教授级）　北京市农林科学院蔬菜研究中心

从照片看，叶片上出现斑点，并且斑点逐渐扩大，最后发展至整个叶片，最后变黄脱落，这是发财树叶斑病的病症。叶斑病是由真菌引起，主要是由于室内通风不良、湿度大、水肥不足等因素造成，同时，植株生长势弱、操作及运输中造成的伤口多等都会引起发病。

防治措施

用 65% 代森锌 800 倍液或 70% 甲基托布津粉剂 600 倍液进行浇灌和喷洒，同时，应改善和减少上述不利的环境条件和因素。

14 问：金心龙血树和发财树的叶子发黄是怎么回事？

天津市　网友“北”

答：周涤　高级工程师（教授级）　北京市农林科学院蔬菜研究中心

叶子发黄常由北方空气湿度小，浇水不当等引起的生理性病害。应将植株放置于通风良好、避免强光直射的地方；同时，建议需要浇灌时，浇灌适量杀菌剂；土壤透水性要好，忌浇灌过多，要见干见湿。

15 问：月季花是什么病？用什么药？

北京市海淀区　网友“爱维”

答：周涤　高级工程师（教授级）　北京市农林科学院蔬菜研究中心

从图片看，月季花是受到月季切叶蜂的为害，北方 5 月中旬成虫出现高峰期。

防治措施

应以网捕捉，减少虫源；5—6 月植株上喷洒 2.5% 溴氰菊酯乳油 1 500 倍液或 80% 敌敌畏乳油 1 000 倍液或 50% 杀螟松乳油 1 000 倍液。交替使用防止发生抗药性。

16

问：玫瑰叶片舒展不开，叶缘皱缩是什么病?
北京市平谷区　康先生

答：周涤　高级工程师（教授级）　北京市农林科学院蔬菜研究中心

发生严重的白粉病和蚜虫为害都会造成叶片皱缩，甚至叶柄、嫩枝弯曲畸形、叶片变成灰绿色的现象。病虫害应以预防为主，发病早期采取防治措施，如喷洒甲基托布津或石硫合剂对白粉病防治效果明显。发病严重时，应尽快修剪病枝，并销毁病枝叶，结合喷洒杀菌剂、杀虫剂等。

17 问：紫薇花都被虫咬了，该怎么治？

湖南省　微信网友“PengWangZOU”

答：周涤　高级工程师（教授级）　北京市农林科学院蔬菜研究中心

从图片看，确实是发生了虫害，仔细观察，看能否找到幼虫。为害紫薇的害虫主要是黄刺蛾，也叫洋辣子，也是为害多种树木的重要害虫。黄刺蛾主要以幼虫啃食造成为害，初孵幼虫一般群集在叶片背面取食叶肉，使叶片成筛网状；大龄幼虫会爬行扩散为害，并直接蚕食叶片，严重时叶片被吃光，只剩下叶柄及叶脉。

防治措施

家庭盆栽紫薇可以在落叶后，直接人工摘除越冬虫茧，可彻底消灭虫源；大田生产时，可在成虫羽化期设置黑光灯诱杀成虫；喷洒 80% 敌敌畏乳油 1 000 倍液或 50% 辛硫磷乳油 1 000 倍液或 2.5% 溴氰菊酯乳油 4 000 倍液（幼虫扩散前用药效果好）。

18 问：栀子花土壤的排水性挺好，就是总干叶，是怎么了？该怎么办?

北京市密云区　赵女士

答：周涤　高级工程师（教授级）北京市农林科学院蔬菜研究中心

从图片看，植物叶黄、干边，与缺肥或强光直晒有关。

改良措施

（1）应将植株放置于散光处养护，忌中午强光暴晒，否则，会使叶片变黄。

（2）应改良土壤。由于肥料养分在酸性土壤条件下才能被植株正常吸收，应配成含腐殖质较多的酸性土，配置比例为腐叶土 4 份、菜园土 4 份、豆粕（腐熟）1 份和河沙 1 份，加适量硫黄粉。生长旺盛期，每隔 10 天左右施 1 次腐熟的人粪尿或饼肥，在施肥前 1 天应停止浇水，施肥的同时浇 1 次透水，9 月中旬起停止施肥。

（3）科学浇水。栀子花喜水，但因为要求土壤排水性好，因此，要勤浇灌，稀肥勤施。春天因风多、风大、空气干燥和降水稀少，每天观察土壤，做到及时浇水，并在放置盆花的周围每日早晚要洒水，以提高空气湿度。夏季入伏后天气炎热，上午要少浇水，14：00 以后浇透水。夏季以软水浇灌为宜，因硬水中含钙、镁盐类较多，这对栀子花的生长十分不利，轻则枝叶变黄，重则很快死去。为了克服土壤和水质的碱性，在生长季节里每周浇 1 次矾肥水或 3‰左右的硫酸亚铁溶液，使栀子花保持枝叶浓绿。冬季应控制浇水，不干不浇，长期含水量过多，易造成烂根死亡。此外，若植株受冻害也会引起黄叶现象。

19

问：这是什么花？叶子枯黄是怎么回事？

北京市房山区　张女士

答：周涤　高级工程师（教授级）北京市农林科学院蔬菜研究中心

从图片看，该植物是龙血树，也叫巴西铁树。叶子枯黄与缺水、受冷、浇灌水水质不良或土壤酸碱度不适、室内空气干燥、通风不良等因素都有关系。一种或多种不利因素长期积累，可造成照片中看到的植株生长势弱和叶子黄等生理性病害的症状。

应先检查一下根系，若根系完好，可以换土，土壤应疏松、肥沃、排水性好，泥炭土和沙土按 3∶1 混合，同时，按盆的容积添加适量缓释肥（1 升土壤加 3~5 克）；消除温度、湿度、通风等环境不利因素的影响；浇偏酸性水；尽量放在离暖气较远的位置，还应从下面一层一层地剥掉干枯叶片。

20 问：火鹤叶尖干枯是怎么回事？

北京市平谷区　康女士

答：周涤　高级工程师（教授级）　北京市农林科学院蔬菜研究中心

多种原因可导致火鹤叶尖干枯。

（1）基质缺水或环境相对湿度小，造成的植株脱水，这种情况多从老叶开始发生。

（2）肥害或基质碱化造成养分吸收障碍，也会导致这种情况发生。

（3）植株发生炭疽病也可导致叶片枯黄。

（4）高温多雨时这种情况大量发生，可以在易发病期喷洒 50% 多菌灵 1 000 倍液或 50% 克菌丹 500 倍液，10 天喷 1 次，连喷 3~4 次，家庭可以购买小包装灭菌农药。

另外，可用经酒精消毒的剪刀将干枯部分剪去，还可以继续观赏。

21 问：茉莉花老叶发黄并出现小凸起是怎么回事?

北京市大兴区　某先生

答：周涤　高级工程师（教授级） 北京市农林科学院蔬菜研究中心

茉莉花叶片皱缩、发黄主要是养分缺失造成的较严重的生理性病害症状，缺钾、镁或硼元素会引起上述情况。如果定期施肥，表面上能保证肥料的供应，但碱性栽培基质或浇灌水中的矿物质元素是不能被吸收的，应首先调节土壤或浇灌水的 pH 值为 6.0~6.5。

简便做法：中耕松土后用酸性水（磷酸按体积比 3‰对水）浇灌和淋洗土壤，经过两周应该会有所改善。生长旺盛期和花期应增加施肥频率，掌握稀肥勤施原则。花期适当增加磷钾肥比例。

22 问：播种了50粒薄荷种子就出2棵苗，其中，一棵干边是怎么回事?

北京市海淀区　尹女士

答：周涤　高级工程师（教授级）北京市农林科学院蔬菜研究中心

首先，播种50粒种子只出2棵苗说明种子出苗率低、活力不佳或播种条件不利。其次，从图片看，出苗后栽植容器不合适，过大的容器容易造成浇水过度，影响根系发育。薄荷较耐旱，浇灌过量容易造成烂根，一旦根系出现问题，会影响植株生长，出现叶片枯萎甚至全株死亡。薄荷出苗后应移入小盆中，移栽后浇透并放阴凉处缓苗，一周后正常管理。注意浇水，一定要见干见湿。

23

问：文竹黄尖是什么原因？
北京市顺义区　石先生

答：周涤　高级工程师（教授级）北京市农林科学院蔬菜研究中心

文竹叶子变黄有多种原因，如温度过高或过低，浇水过勤，阳光直晒，施肥过多或过少，环境相对湿度过低和通风不良等。

栽植文竹的土壤要求排水性较好，可用园土与富含腐殖质的腐殖土混合，在土壤中可添加少量有机肥。养护文竹适宜的温度是10~25℃。空气相对湿度应在60%以上，可以经常向植株周围地面、枝叶喷水以增加空气湿度。

文竹喜半阴环境，最好放在有散射光的室内，不宜放在阳光下直晒，特别是夏天。浇水要浇透，不能浇半截水，避免根系吸收不到水分而损伤。浇水量应合理把握，在盆土稍微有些干燥时，就应及时浇水。冬季因为天气原因，应该减少对文竹的浇水量。生长期可以15~20天施肥1次，可以随浇水一起施液体肥料，浓度不要超过3‰。

在夏季高温、冬季低温的休眠期时，应该停止给文竹施肥。在植株定型后也要减少施肥量，以免植株徒长而影响株形的美观。平时应该注意对文竹的修剪，保持其美观的株型。

24 问：绿萝对土质有什么要求？移栽换土后就要死了是怎么回事?

河北省　网友“强强，衡水，果树种植”

答：周涤　高级工程师（教授级）　北京市农林科学院蔬菜研究中心

土培的绿萝，浇水过多，容易烂根。应控制给盆内浇水，要见干见湿，浇则浇透；多给叶面喷水，保证上部叶片正常吸收水分。土壤要求疏松排水良好，最好用泥炭和园土按 3∶1 混合，土壤应消毒或换土后用杀菌液浇灌。只要根部的茎秆没腐烂，还可以成活。

25

问：仙人掌上有斑点怎么回事？

北京市顺义区　微信网友“天使”

答：周涤　高级工程师（教授级）北京市农林科学院蔬菜研究中心

通常浇水过多、土壤黏重透气性差；长期光照不足；肥水浇灌到茎上；发生真菌感染导致的炭疽病、枯萎病等，都可能引起茎上出现褐色枯萎状斑点。

从照片上看，仙人掌茎失绿，老茎上出现褐色枯萎状斑点，新生茎较正常，分枝较多；花盆与株型比较尺寸较大，浇灌后容易长时间不能消耗蒸发。应是长期光照不足和浇水频繁引起的。

建议：换成较小规格的盆进行栽培，同时，土壤中混合1/3的粗沙，并去掉有斑点的茎；干透再行浇灌，茎上避免沾水；放到阳光充足的地方养护。

26

问：红掌以前在照不到阳光的地方出现了这种情况，后来移到了有阳光的地方，不但没好转，反而严重了是怎么回事?

河南省　网友“M.g.”

答：周涤　高级工程师（教授级）　北京市农林科学院蔬菜研究中心

首先，红掌不能强光直晒，应放在室内有散射光的位置，建议立刻改换位置。另外，植株整体看，叶片缺少光泽，生长点没有新芽萌出，盆土板结发白。初步判断是土壤盐分积累较多，可能与长期浇灌自来水有关。建议换土，采用泥炭土栽培，添加缓释肥。同时用调过酸碱度的酸性水浇灌。2 个月后可看到效果。

27 问：盆栽榕树叶片发黄落叶是什么原因？

北京市通州区　田先生

答：鲁韧强　研究员　北京市农林科学院林业果树研究所

榕树属于南方常绿树种，但常绿树种也不是不落叶，而是在新叶生长过程中，基部的老叶就会逐渐变黄脱落。

从照片观察，这盆榕树的黄叶子不像是缺素症引起的，更像是自然的衰老状态。需要特别注意的是，由于榕树是南方常绿树种，所以，喜酸性土壤，而北京水的pH值都在7.0以上，因此，浇水时注意要将水调酸后再浇。

家庭易操作的方法就是将水中倒点醋，然后用pH试纸测一下它的酸碱度，把水的pH值调到5~6就可以了，这样就能保证榕树正常生长，否则，会越养长势越差。

28

问：三角梅叶子黄了是怎么回事？用什么药？

北京市房山区　张女士

答：周涤　高级工程师（教授级）　北京市农林科学院蔬菜研究中心

从照片看，三角梅叶子是严重缺肥造成的生理性病害。

应对措施

土壤中混入适量有机肥，同时，浇灌硫酸亚铁溶液，补充铁并维持土壤的微酸性，有助于养分的吸收；等待植株好转后，定期浇灌可溶性观叶植物或花期用液肥（花卉市场有售）。

29 问：碗莲的这种情况是缺肥吗？

北京市海淀区　马先生

答：周涤　高级工程师（教授级）北京市农林科学院蔬菜研究中心

从图片看，碗莲已长出根且有3片叶片，实际应该在第二片叶子长出前就要移栽到带土的盆中。造成这种现象的原因可能是缺肥造成的生长停滞，碗莲喜肥，若缺少肥料，则生根长叶缓慢。

改良措施

选用适宜大小的陶盆，盆内加半盆田园土，盆土中应拌入少量腐熟饼肥液或豆麸、花生麸作为底肥，但是要注意不可施肥过多。移栽时将碗莲细根按入泥中，每盆栽一株，移栽后加适量水，以水不淹没小叶为度。要注意的是，若栽植容器太小，则容不下伸展的须根，若栽植容器装的营养土太少，则不能使植株得到充分养分，植株也长不好。建议容器直径25~87.5厘米，深度20~62.5厘米。

四、杂粮

01 问：小麦得了什么病？怎么防治？

北京市大兴区　苏女士

答：单福华　高级农艺师　北京市农林科学院杂交小麦工程技术研究中心

从照片看，小麦得了白粉病和叶锈病。现在正是小麦灌浆期，保根护叶很重要，要抓紧防治。您可去当地植保站买粉锈宁一类的药，按说明进行叶面喷施。

02

问：小麦叶子变黄叶干是什么原因?
河北省　网友“葡萄苹果”

答：单福华　高级农艺师　北京市农林科学院杂交小麦工程技术研究中心

从图片看，您的小麦年前长势不错，看苗情现在有些旱象，很可能是没浇冻水。现在正值返青期，您应该赶紧浇水施肥，先把苗子保住。同时，施用尿素 10~15 千克 / 亩，促进春季分蘖，赶紧让苗子缓过来。另外，如果你的小麦是适期播种，又浇好了冻水，可能是品种不对路，品种的抗寒性差，但今年的气温整体较高，属于暖冬年份，这种可能性小。

小麦是需水较多的作物，冻水和拔节水是不能省的，冻水是保证小麦冬季平安过冬，拔节水是保证穗数和穗粒数的关键。有条件的地方可以浇灌浆水，促进后期千粒重的提高，这样产量才能有保证。

03 问：玉米得的是什么病害？如何防治？

北京市顺义区　张先生

答：尉德铭　副研究员　北京市农林科学院玉米研究中心

从图片看，该症状是玉米锈病。玉米锈病是一种气流传播的大区域发生和流行的病害，防治上必须采取以抗病品种为主，以栽培防病和药剂防治为辅的综合防治措施，具体如下。

（1）选择抗病品种。

（2）加强田间管理，清除玉米病残体，集中深埋或烧毁，以减少侵染源。

（3）在发病初期可以喷洒25%的三唑酮可湿性粉剂1 500~2 000倍液或25%的粉锈宁可湿性粉剂1 000~1 500倍液等药剂。

（4）重病地区应更换抗病品种，适时播种，合理密植，避免偏施氮肥，搭配使用磷、钾肥。

04 问：玉米定植期只长根，不长叶和心，该怎么办？

北京市通州区　张女士

答：尉德铭　副研究员　北京市农林科学院玉米研究中心

从图片上看，这种情况是除草剂药害造成的症状。有如下几种可能：一是除草剂过量；二是封闭除草剂喷得较晚；三是土壤中有农药残留。

防治方法

对没有生长点的苗，应该拔除补栽或补种；对卷叶但有新叶的苗，可人工剪开；同时，喷施叶面肥（低浓度尿素溶液或磷酸二氢钾）促进玉米生长；加强田间管理，中耕松土，提高地温或浇水等措施，促进玉米生长，缓解药害；若情节过于严重，病苗所占比例太大，可以考虑毁种。

05 问：玉米的这种现象是怎么回事？

吉林省　网友“谷语”

答：尉德铭　副研究员　北京市农林科学院玉米研究中心

从图上看，玉米的雄穗上长粒，是一种返祖现象。造成这种现象的原因是受特殊气候条件的影响，如阶段性高温或干旱等，这样的玉米并不影响人或动物的食用。

06 问：玉米 1.7 米高了还烂心，怎么回事？

山东省　网友“David”

答：尉德铭　副研究员　北京市农林科学院玉米研究中心

引起玉米烂心的原因很多，主要有如下几种可能性。

（1）可能是由虫害引起的伤口，加之目前高温高湿环境，利于病原菌的侵入发病，继而引发局部溃烂。您可以把烂掉的叶子掰开看看有没有虫子。

关键是治虫。常见的虫害有玉米蓟马、玉米螟，瑞典蝇等，常用的有效药剂：2.5% 菜喜、30% 啶虫脒和 10% 吡虫啉，对 3 个虫子都有效的药剂是“菜喜”（2.5% 多杀霉素）。

（2）由于虫害造成的伤口便于细菌侵入，出现了心叶畸形、断裂、外缘以及尖端腐烂并伴有浓重的臭味，为典型细菌性病害。在治虫的同时加入“农用链霉素”，早晚喷药，重点喷施心叶处，5~7 天喷施 1 次，连续 2 次即可。

（3）可能是药害烂心，可以对受害玉米适当施用硫酸铵等肥料，有条件的话，可以适当施用敌克松，以减轻药害。

（4）您的玉米有可能是播种早，6—7 月天气干旱，灰飞虱和蓟马造成的虫害，虫害伤口造成细菌侵入，可以用啶虫脒、吡虫啉和农用链霉素灌心，还可以把雄穗上的烂心剪掉。

07

问：玉米得了什么病，影响正常生长吗？单粒的金博士郑单958较多，普通的郑单958几乎没有，是和品种或种衣剂有关吗？

北京市延庆区　网友“利民”

答：尉德铭　副研究员　北京市农林科学院玉米研究中心

玉米得的是瘤黑粉病，染病后肯定会影响玉米正常生长。有的玉米品种易感病，有的玉米品种不易感瘤黑粉病。包衣剂中有杀菌剂的玉米可以有效防止瘤黑粉病的发生。单粒的金博士郑单958与普通的郑单958，如果都是正品，是同一生产厂家的品种，在相同条件下种植，就不会发生不同现象。

玉米瘤黑粉病，种子可带菌，土壤可带菌，主要是风雨传播，感染玉米幼嫩组织或有伤口的地方，而且可以多次感染。您最好把带有瘤黑粉的植株彻底清除田外深埋，减少病原。玉米收获后把土壤处理一下，因为地里已经散发了大量的黑粉孢子。翌年再种玉米要选抗病品种并要用带有杀菌剂的种衣剂包衣或是轮作倒茬，换种其他作物会取得良好效果。

08

问：玉米叶子都红了是怎么回事?

江苏省 网友“江苏农资刘”

答：尉德铭 副研究员 北京市农林科学院玉米研究中心

从图上看，玉米叶子红了有几种可能性。

（1）种植密度较大,田间长期积水或湿度大,造成根系呼吸困难，遇到低温，叶片就会发红。

（2）土壤严重缺磷。

（3）有紫色玉米基因或是玉米褐斑病等。应对照上述因素找找原因。

09

问：玉米苗叶片干枯是怎么回事?

北京市大兴区　苏女士

答：尉德铭　副研究员　北京市农林科学院玉米研究中心

从您拔下来的玉米苗看，玉米已经长到8片叶左右，心叶问题不大，主要是根系发育不好，基部叶片发生干枯死亡。主要原因可能是播种深浅不一致，偏浅的玉米苗加上土壤干旱造成的，应该及时补水，松土。

10 问：玉米心打卷，每亩达到10%，是什么原因？是不是打封地面的药造成的？

北京市密云区　赵女士

答：尉德铭　副研究员　北京市农林科学院玉米研究中心

从图片看，玉米心打卷不像是除草剂药害造成的。造成这种现象的原因可能有如下几种：一是，蓟马为害使心叶打卷弯曲；二是，整地粗糙播种较深，玉米苗弱，地较干旱，遇到前两天35℃左右高温造成心叶打卷弯曲。

防止措施

若是蓟马为害，喷施10%的吡虫啉可防治。若是干旱造成的，应加强管理，浇水，中耕，促进玉米生长。

11 问：玉米苗心叶打卷，每亩有5%左右，里面没有虫子，是不是封地药打多了，应该怎么办？

吉林省　李先生

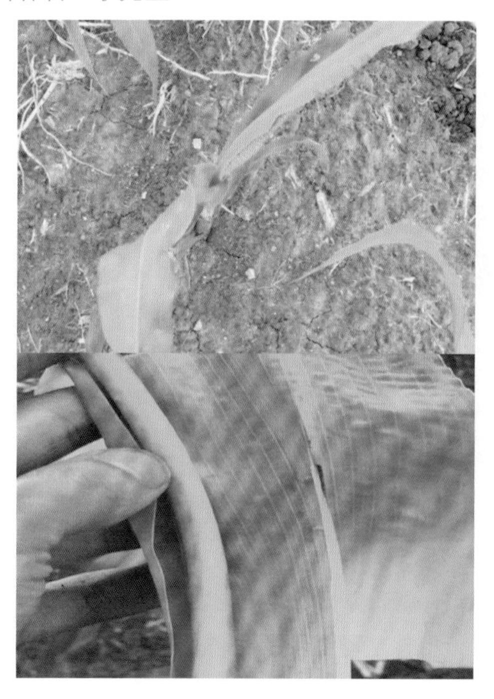

答：尉德铭　副研究员　北京市农林科学院玉米研究中心

看图片分析，这种情况是除草剂药害造成的卷叶，同时，土壤有些板结，地面因干旱出现了很多裂缝。

防治措施

应及时浇水，待墒情合适时及时松土，促进玉米生长，缓解药害，药害过于严重的地方最好移苗补栽或补种偏早熟的品种，以降低损失。

12 问：谷子得了什么病？怎么防治？

北京市平谷区　康女士

答：尉德铭　副研究员　北京市农林科学院玉米研究中心

从图片看，植株是得了谷子锈病。谷子锈病为流行性病害，主要发生在谷子生长中后期，一般在谷子抽穗前后开始发病，高温多雨利于病害的发生。降水多时，谷子锈病发病较重，干旱年份发病轻。低洼地和氮肥使用过多、密度过大的田块发病重。

防治方法

加强田间管理，合理密植；雨季应及时排水，少施氮肥，增施磷、钾肥，提高植株抗病力。当病叶率占 1%~5% 时，用 20% 的三唑酮乳油 1 000~1 500 倍液或 12.5% 烯唑醇可湿性粉剂 1 500~2 000 倍液喷雾，间隔 7~10 天再喷施 1 次。

13 问：谷子出苗很差是怎么回事?

山西省大同市　杜先生

答：尉德铭　副研究员　北京市农林科学院玉米研究中心

从图片看，谷子出苗很差，而且又弱又黄，可能是播种偏深，土壤贫瘠造成的。应该施肥浇水，加强管理，促进生长。

14

问：地瓜都是裂口是什么情况？
山东省　网友“山东枣庄～小席”

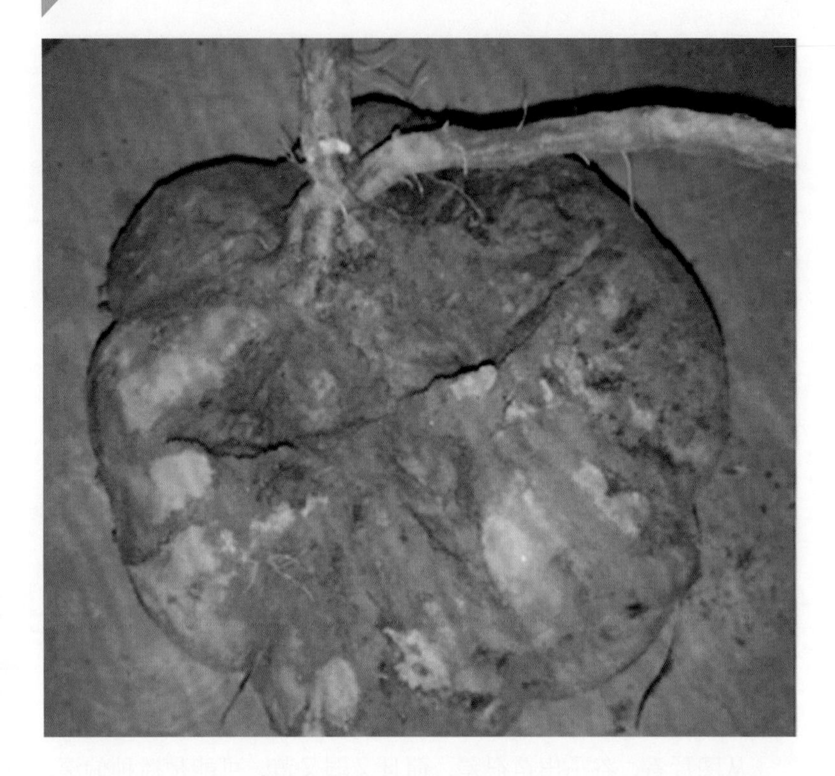

答：尉德铭　副研究员　北京市农林科学院玉米研究中心

从图片看，薯块、薯蔓均已受茎线虫为害，主要通过种薯或土壤传播。受害部位的薯皮先褪色、后变青，稍凹陷或有小裂口，皮下组织变褐干瘪，以后渐生小龟裂，随着块根长大，线虫由四周向中心为害，内部形成糠腐，外皮形成大龟裂和暗褐色晕片或呈水渍状。

15 问：黄豆得了什么病？

河南省　网友“园艺小生”

答：单福华　高级农艺师　北京市农林科学院小麦工程技术研究中心

从图片看，大豆霜霉病和大豆根腐病都有发生。大豆霜霉病成株期发病，起初在叶片正面产生不规则或圆形的黄绿色小斑点，后期渐成灰褐色，如果湿度大时，叶背面长出灰色霉层；大豆根腐病为害根系和根茎部，发病处产生水渍状病斑，褐色至赤褐色，呈椭圆形、长条形及不规则形，凹陷或不凹陷，向下发展使根系坏死，后变褐腐烂，并向根茎处发展。严重时大豆须根明显减少，潮湿时在根茎产生少量白色至粉红色霉状物，即病菌的分生孢子。请您结合实物对比下。

五、食用菌

01

问：同一菇房的白灵菇有的分化正常，有的不正常是怎么回事?

陕西省　郑先生

答：陈文良　研究员　北京市农林科学院植物保护环境保护研究所

白灵菇子实体分化的关键是低温处理阶段的温度和持续时间。一般情况下，在0~5℃的低温下处理7天，白灵菇子实体就能够很好地分化出来。

您的菇房在近10℃的温度下处理15天，时间是够了，但温度较高，没有起到刺激出菇的作用，所以菇蕾出得不整齐。

建议您把菇房温度往下降，降到0~5℃范围，再处理约7天即可。

02 问：蘑菇第一茬采摘半个月后，第二茬还没动静，还生了很多黑飞虫是怎么回事?

山东省　网友“云淡风轻”

答：陈文良　研究员　北京市农林科学院植物保护环境保护研究所

您栽培的蘑菇不能继续出菇，有两种可能：第一，很可能是栽培料水分少了，建议您适量补充水分，吸足水分后，盖上薄膜，让其发菌，发好菌还能够继续出菇。第二，可能是害虫为害造成的不出菇，建议用菇净 1 000 倍液向料的表面进行喷雾防治，同时，建议温度保持在正常出菇范围（8~12℃）。

六、土肥

问：桃树幼苗能用氮肥吗？
四川省　李先生

答：徐筠　高级农艺师　北京市农林科学院植物保护环境保护研究所

从图片看，这桃树幼苗能用氮肥。亩地面追尿素5千克，同时，可辅助根外（叶面）喷施尿素300倍液。

第二部分　养殖咨询问题

一、鸡

01 问：鸡一开始呼吸呼噜响，没太在意，精神也好，第三天早上倒下 100 多只，不断喂药，每天仍有十几只倒下，用图中这种药还救活了几只，这是什么病？该怎么办？

湖北省襄阳市　王先生

答：赵际成　助理兽医师　北京市农林科学院畜牧兽医研究所

根据您的描述怀疑是传染性支气管炎，不知道您之前是否注射过肾传支疫苗。如果您使用恩诺沙星有效果，建议您全群投喂。肾传支应该是病毒性传染病，抗菌药物只能防止继发感染死亡，所以，效果不会很好。目前，市面上有针对性的药物，因本人没有使用过，效果如何不清楚，您可以咨询一下。建议做好免疫接种工作，否则，一旦发病很难控制。另外，对已经发病的禽舍要严格彻底的消毒处理。

二、鸭

01 问：36 只鸭子，5 只发病，没有做过免疫，这是什么病？用什么药？

北京市东城区　网友“旭日东升”

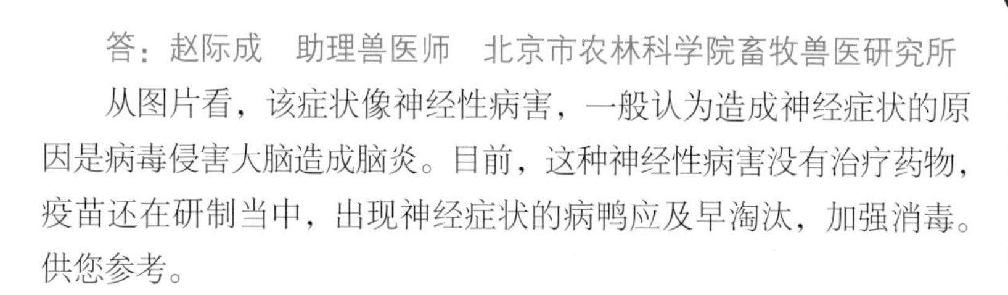

答：赵际成　助理兽医师　北京市农林科学院畜牧兽医研究所

从图片看，该症状像神经性病害，一般认为造成神经症状的原因是病毒侵害大脑造成脑炎。目前，这种神经性病害没有治疗药物，疫苗还在研制当中，出现神经症状的病鸭应及早淘汰，加强消毒。供您参考。

三、猪

问：生猪不进食且无法站立，屠宰后肺部有病变，大肠薄容易烂，肝有血斑是怎么回事?

四川省遂宁市　李先生

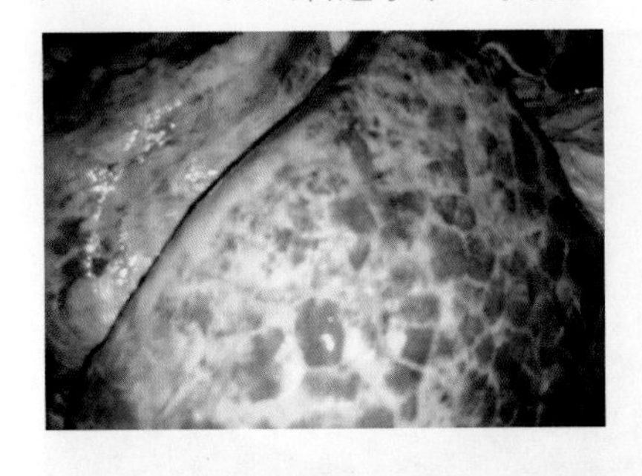

答：赵际成　助理兽医师

北京市农林科学院畜牧兽医研究所

观察猪肺图片，主要是肺气肿和肺淤血症状。猪无法站起来要看有没有共济失调症状，考虑主要可能是传染病引起，首先应观测体温变化。一般的传染病都会导致体温升高，通常会升高0.5℃以上，有的在1~1.5℃甚至更高。病变主要表现在肺部，应重点考虑造成肺部的传染病，如弓形体、传染性胸膜肺炎、肺疫等，具体是何种疫病，应请疫病防控部门鉴定。

由于生猪感染传染病的可能性较大，因此，应对当地生猪免疫接种情况进行调查和回溯，如果免疫接种工作做得好，一般不会发生免疫过的疾病大面积流行，可考虑没有免疫过疾病感染的可能。注意，疫病鉴定需要由牲畜疫病防控专业人员进行。如果是病毒性传染病，那就没有治疗的意义了，尽快将感染生猪屠杀深埋，再做彻底消毒。如果确定为弓形体感染，可以使用磺胺六甲氧嘧啶或磺胺五甲氧嘧啶肌注治疗，同时，饲料中添加这两种药物的粉剂。如确定是传染性胸膜肺炎，建议使用硫酸卡那霉素或丁胺卡纳霉素进行肌肉注射。生猪疫病是群发性的，单个治疗意义不大，应从群体防控角度出发，发现问题尽早处理。

02 问：猪得了什么病？如何治疗？

北京市海淀区　罗先生

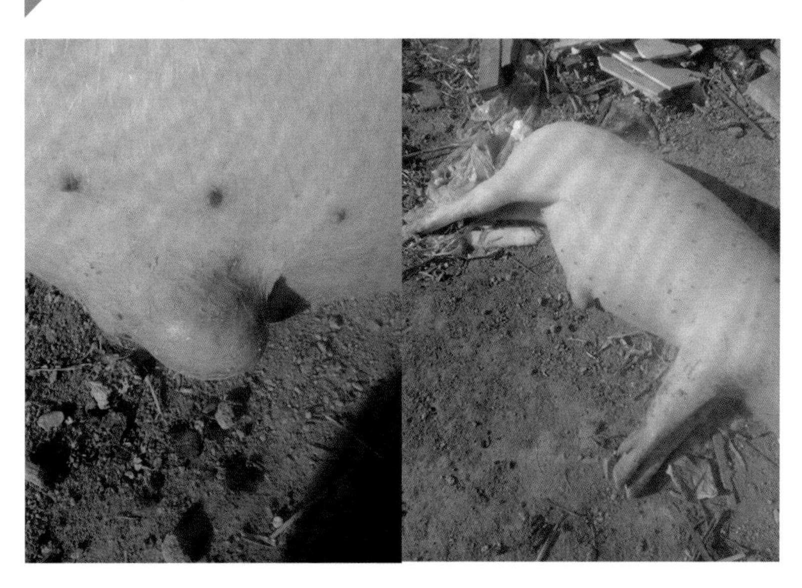

答：赵际成　助理兽医师　北京市农林科学院畜牧兽医研究所

从照片看，猪得的应该是疝气，疝气造成肠梗阻后小肠坏死了，这种情况应尽早进行手术治疗。

治疗方法

倒提猪两后肢，腹部向外，用手指将脱出的肠管送回腹腔，切开疝部皮肤，找到疝口缝合，再缝合皮肤。如果肠梗阻已经造成肠管坏死，就需要麻醉后打开腹腔找到坏死肠管切除后连接缝合处理。

四、羊

01

问：羊吃了潮湿的饲料，突然死亡是怎么回事？

山西省　武先生

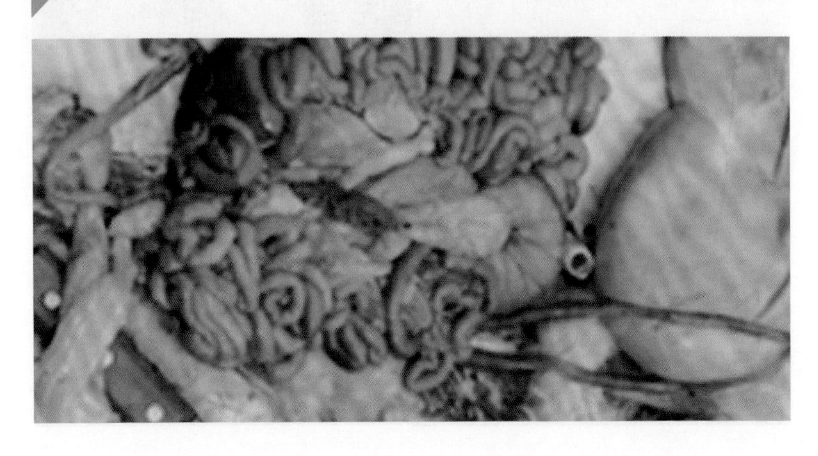

答：赵际成　助理兽医师　北京市农林科学院畜牧兽医研究所

从照片看，羊极有可能死于羊肠毒血症。羊肠毒血症的致病菌为魏氏梭菌，该细菌致病特点就是死亡急，几乎没有前期症状。另一个特点是多发于膘情较好的健康羊，瘦弱的羊反而很少发生。该病多见于散发，不会形成流行。在北京地区多发生于冬末春初、阴冷潮湿的环境。所以，养殖环境要保持干燥通风，勤换垫料，圈舍要能够照进阳光。

该病因发病突然，死亡迅速，所以，没有治疗意义。有疫苗可以预防，但由于是散发情况，本人认为疫苗免疫预防意义不大。只要搞好饲养环境，春夏控制抢青抢茬，秋季防止过食结籽饲草，不饲喂潮湿、霉变饲料，一般可以控制。

02

问：小羊不爱吃东西，到一个地方就起不来了是怎么回事？
河北省　网友“刁蛮公主”

答：赵际成　助理兽医师　北京市农林科学院畜牧兽医研究所

从照片看，站着的那只小羊毛色鲜亮，洁净，从表象观察没有发现大问题。但倒在地上那只小羊明显腹围较大，我怀疑您家小羊有可能是胀肚问题，您可以灌服消胀健胃药物，看看效果怎样。

03 问：羊肚子不胀，可以喝牛奶，这是什么病？应怎么治疗？
广东省　网友“雨夜怜荷”

答：赵际成　助理兽医师　北京市农林科学院畜牧兽医研究所

如果是可以喝牛奶，但不愿吃草料，精神状态没有明显变差，您就应从消化方面找问题。您观察一下羊最近排便次数和排便情况，可以先使用人工盐溶水灌肠试一试，看看有无干燥粪便排出；检查一下口腔，看看有无异物，按压一下腹部（缓慢按压），看看腹部有无坚硬的感觉，若有以上情况，您试着灌服少量液状石蜡油看看效果。另外，很多疾病中的羊都会有不吃食，但愿意饮水或饮奶，要注意观察还有没有其他症状表现。

04 问：羊嘴上起疮怎么办?
山西省　网友“一万个舍不得”

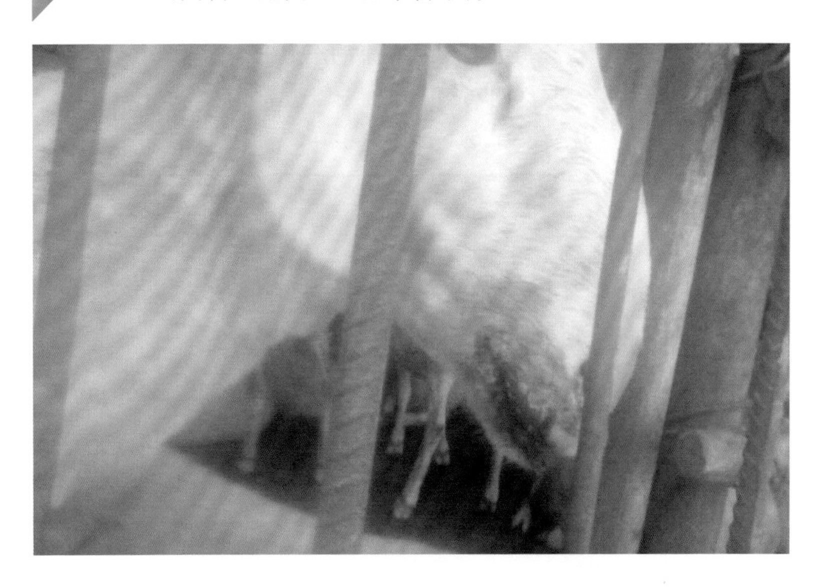

答：赵际成　助理兽医师　北京市农林科学院畜牧兽医研究所

羊口疮的治疗措施如下。

（1）对舌面、口腔等处的溃疡，经清水反复冲洗后，用5%碘甘油或醋酸涂擦；对结痂者，应先将患部痂皮剥去后再进行冲洗，每天冲洗3次，连续4~6天。也可用龙胆紫拌少量石灰涂擦。溃疡面每天用0.5%高锰酸钾或10%食盐水冲洗，也可用3%双氧水冲洗。体温升高的病羊可肌肉注射退热药和抗生素，防止继发感染。

（2）给患羊喂服牛黄解毒片，每只羊每次2~3片，每天2次；也可内服中草药：苦参、龙胆、白剑、花椒、黄花香、地榆各10克，煎汤，候温灌服，每天3次，连用1周。

五、其他

01 问：梅花鹿身上有鸡蛋大小的疙瘩2个月了，表皮正常，鹿偏瘦是怎么回事?

北京市大兴区　网友“旭日东升”

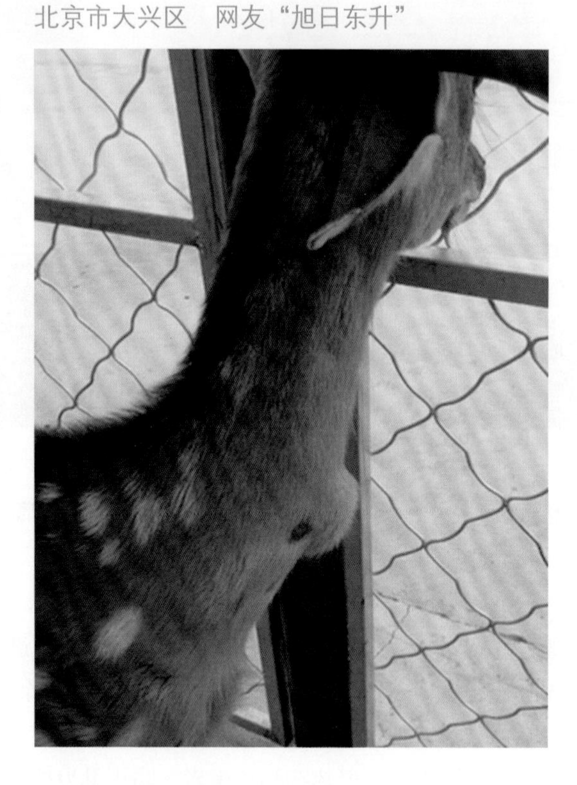

答：赵际成　助理兽医师　北京市农林科学院畜牧兽医研究所

从图片看，梅花鹿在皮肤隆起的附近有外伤的伤疤，怀疑是外伤感染造成的脓包。

（1）如果是脓包，会有3个时期：发展期、成熟期和破溃期。

在发展期隆起的包会很硬，穿刺可能会有少量液体。成熟期，脓包会逐渐变软，最后皮肤破裂脓液流出进入破溃期。

建议：用注射器吸取内容物，如果吸出来的是红色液体，则将液体吸干后，溶解青链霉素注入，每天 1 次，直到隆起的包消失；如果吸出的是脓汁，建议使用手术刀将隆起的包开口，挤出脓汁，用双氧水冲洗后将青链霉素粉（也可用消炎粉）撒在患处，每天 1 次，直到不再有脓汁产生。

（2）若不是脓包，穿刺无法吸出内容物，没有红肿热痛的表现，那么很可能是类似于脂肪瘤之类的皮肤瘤，但不好确定是良性瘤还是恶性瘤。如果是因为瘤子造成的梅花鹿膘情较瘦，那就很麻烦，有恶性瘤的可能。如果是普通肉瘤，处理方法如下。

方法一：手术处理。将鹿绑定好后，采用局麻（用局麻药物在疙瘩周围点状注射）后，摘除瘤子，缝合，消炎。这是个小手术，若有药物自己应该可以做到。

方法二：做简单的消炎处理。用抗生素 + 盐酸普鲁卡因 + 地塞米松在疙瘩周围点状注射。同时，观察其他部位是否还有这种情况，疙瘩会不会变大；采食和精神状态有无变化；梅花鹿的起卧行走及站立姿势和其他梅花鹿有没有不同。

02 问：犬粪便里有米粒大小且能伸缩变形的寄生虫，怎么治疗?

北京市大兴区　网友“旭日东升”

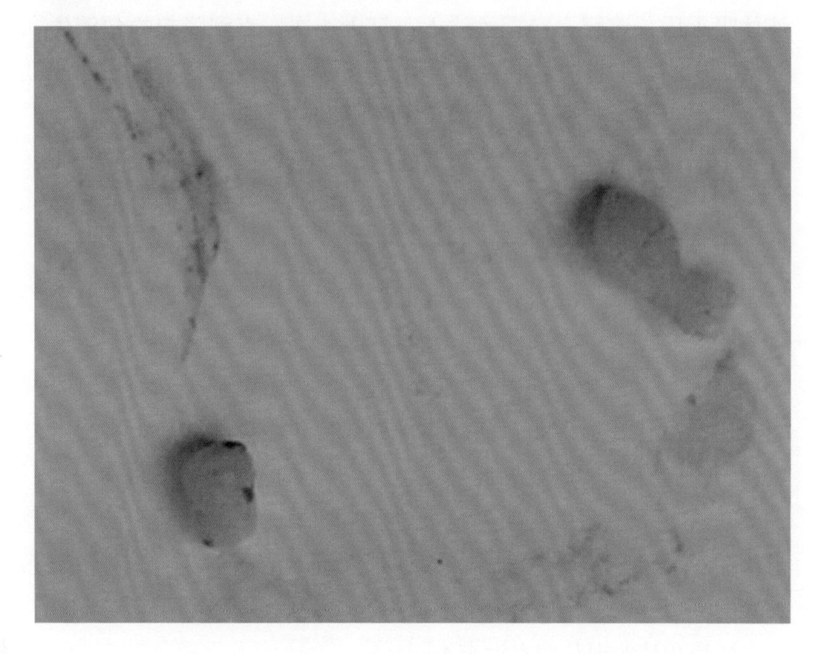

答：赵际成　助理兽医师　北京市农林科学院畜牧兽医研究所

从图片看，寄生虫是绦虫。治疗犬绦虫，可以使用丙硫苯丙咪唑，空腹服用，连用一周。每隔3个月重复1次，直到在犬的粪便中见不到虫体为止。

03

问：小驴出生 4 天，身上有损伤，这是什么病？如何治疗？

北京市大兴区　网友“旭日东升”

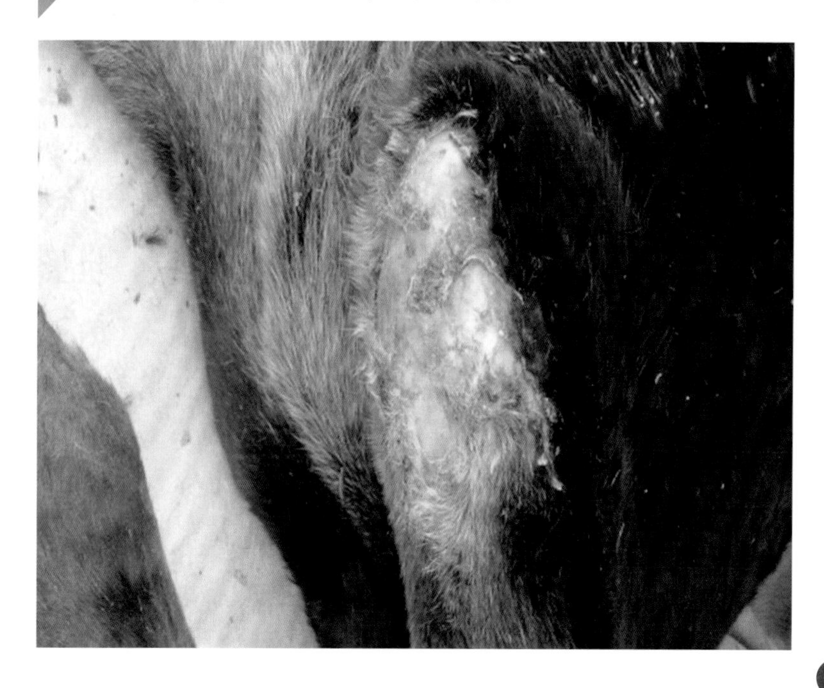

答：赵际成　助理兽医师　北京市农林科学院畜牧兽医研究所

从图片看，小驴可能是得了皮肤坏疽。坏疽是由细菌感染引起的，但具体是哪一类细菌，需要实验室诊断。

建议您使用青霉素注射治疗，同时，在发生坏疽的部位使用鱼石脂软膏涂抹。使用青霉素时，可以在坏疽部位周围采用封闭注射。方法：将青霉素混合盐酸普鲁卡因加注射用水，在患处周围分 5~6 个点，做点状注射。

04

问：兔子刚一出生就死了，个体比一般的小兔子都大是怎么回事?

贵州省　网友“零。度”

答：赵际成　助理兽医师　北京市农林科学院畜牧兽医研究所

仔兔出生时个体过大或过小都不能算健康幼仔。从图片看，死亡的仔兔明显比其他仔兔大很多，说明它在子宫内获得了过多的营养，这样的仔兔在产出过程中会造成产程过长，容易难产，并且在产出过程中极易窒息死亡。看您的图片，仔兔可能在产出时就已经窒息，这样的仔兔，即使不在产道内死亡，产出后也会很快死亡。我们在实际生产中发现，有时候在产出的仔兔中，体型最大的反而体弱，比它小的反而健壮，就是因为体型较大的幼仔在产出过程中产程过长，造成体弱或窒息。

05 问：兔子耳根处先红肿继而流渗出液，患部有结痂是怎么回事？

山东省济宁市　郝先生

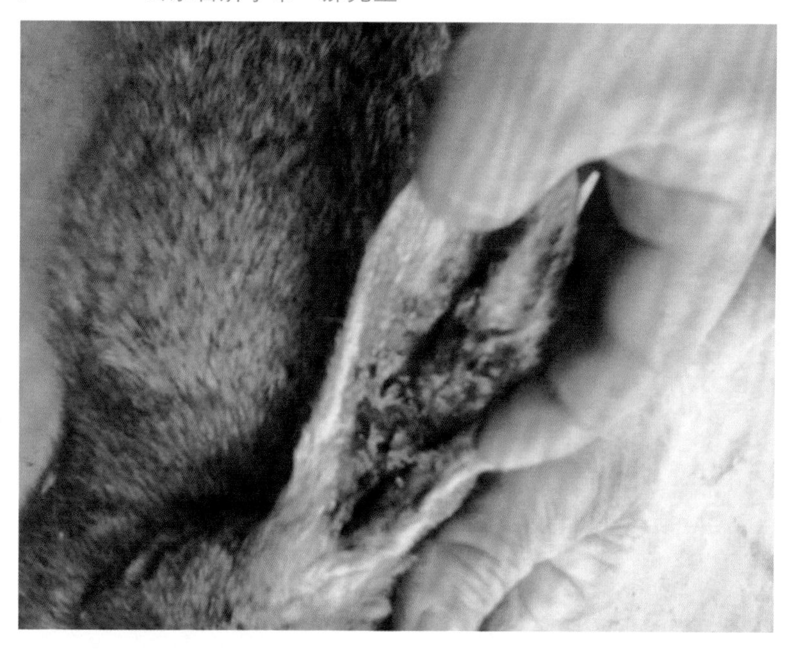

答：赵际成　助理兽医师　北京市农林科学院畜牧兽医研究所

从图片看，兔子感染的是耳螨，应用1%温敌百虫溶液清洗耳部，在洗的过程中，将结痂全部洗掉，然后用毛巾擦干，用氢氧化铝软膏涂抹患处，一天2次。

在治疗过程中注意，敌百虫只能用1次，氢氧化铝软膏在使用时要把结痂去除。使用几天后观察效果，如果效果明显，一周后再用敌百虫清洗1次。特别注意，每次清洗后必须要擦干。

如果氢氧化铝软膏不好购买，可以换鱼石脂软膏试一试，同时，皮下注射伊维菌素。

06 问：兔子昨天还好好的，今天喂养时看到下面出血，奄奄一息是怎么回事？
贵州省　网友“零。度”

答：赵际成　助理兽医师　北京市农林科学院畜牧兽医研究所

从图片看，小兔子有明显的外伤，这种情况极有可能是鼠害，加紧灭鼠吧！只有啮齿动物才能造成这样的伤害。

07

问：兔子的肚子破了个洞，不知道是打架还是生病？应该怎么办？

贵州省　网友“零。度”

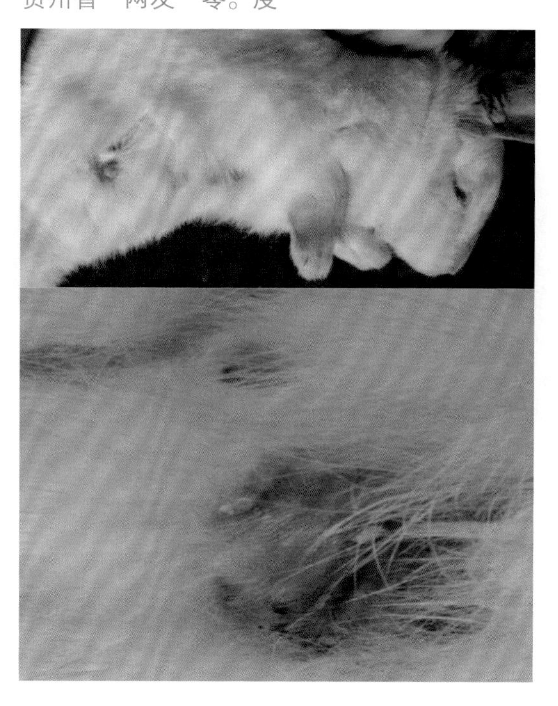

答：赵际成　助理兽医师　北京市农林科学院畜牧兽医研究所

从图片看，这种情况是化脓疮（兔子受了外伤后感染化脓）。

治疗方法

将脓汁全部洗净，用温的高锰酸钾水清洗伤口，洗净后在脓疮部洒抹消炎粉，每天1次，直到痊愈。如果买不到消炎粉，可以使用青霉素和链霉素混合代替，但应注意青霉素容易水解，使用前尽量将伤口擦干。

08 问：猫咪的腰不知道怎么了，不能走路，该怎么办？

河北省　网友“天山上那朵圣洁的雪莲”

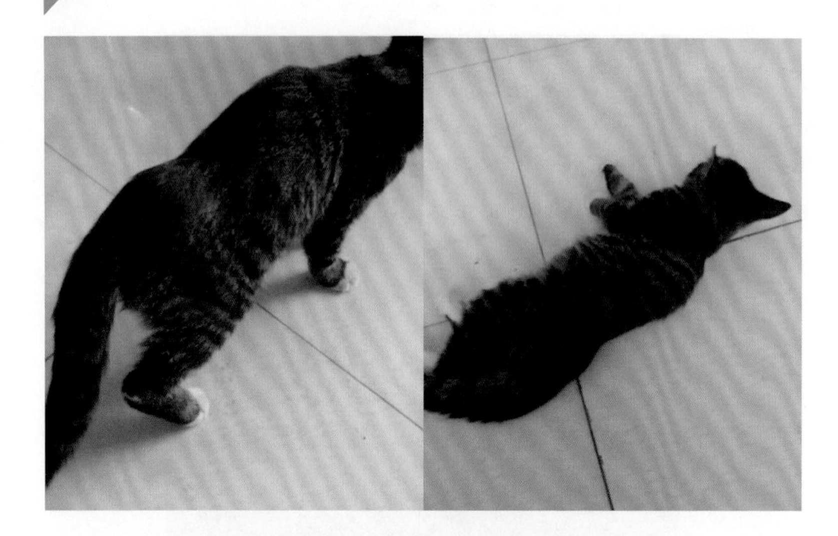

答：赵际成　助理兽医师　北京市农林科学院畜牧兽医研究所

从图片观察，小猫应该是腰荐结合部受到了外力伤害，若触摸猫的异常部位，应该有疼痛的表现。小猫的站立和运动方式应该没有伤到神经，但是因为疼痛，使猫不能正常站立行走。

治疗方案

镇痛消炎。因为受伤的部位比较特殊，不能使用常规的方法治疗，建议采用腱鞘内注射治疗，用头孢曲松钠、地塞米松、盐酸普鲁卡因混合（可根据情况添加注射用水），在受伤腰部的前后椎骨结合部刺入注射。如果受伤部位正好是腰椎和荐椎的结合部位，那只能在受伤部位之前的腰椎结合部刺入注射。在治疗之前，建议您先到宠物医院拍个片子，先确诊受伤部位和受伤情况。

09 问：鱼身上有斑是怎么回事？

北京市房山区　宇文女士

答：徐绍刚　高级工程师　北京市农林科学院水产科学研究所

从图片看，鱼身上有斑不像是发病症状，是水质突然变化或周围环境突然改变引起鱼的应激反应，例如，换水量稍微大一些、水温突然变化或人为惊动等，会引起该现象。仔细观察，如果没有强烈刺激的情况下，第二天鱼就会回到原来的状态。不知您以前是否养过血鹦鹉鱼，这种情况在血鹦鹉鱼身上会时常发生。